BestMasters

Mit „BestMasters" zeichnet Springer die besten Masterarbeiten aus, die an renommierten Hochschulen in Deutschland, Österreich und der Schweiz entstanden sind. Die mit Höchstnote ausgezeichneten Arbeiten wurden durch Gutachter zur Veröffentlichung empfohlen und behandeln aktuelle Themen aus unterschiedlichen Fachgebieten der Naturwissenschaften, Psychologie, Technik und Wirtschaftswissenschaften. Die Reihe wendet sich an Praktiker und Wissenschaftler gleichermaßen und soll insbesondere auch Nachwuchswissenschaftlern Orientierung geben.

Springer awards "BestMasters" to the best master's theses which have been completed at renowned Universities in Germany, Austria, and Switzerland. The studies received highest marks and were recommended for publication by supervisors. They address current issues from various fields of research in natural sciences, psychology, technology, and economics. The series addresses practitioners as well as scientists and, in particular, offers guidance for early stage researchers.

Dominik Pusch

Risikobeurteilung von Mensch-Roboter-Koexistenz-Systemen

Ansätze für ein erweitertes
Bewertungsverfahren
zur Sicherstellung der
Maschinensicherheit

Dominik Pusch
Möhrendorf, Deutschland

Die Masterarbeit wurde mit dem Originaltitel *Ansätze für ein erweitertes Bewertungsverfahren der Risikobeurteilung von Mensch-Roboter-Koexistenz-Systemen zur Sicherstellung der notwendigen Maschinensicherheit* an der FOM Hochschule für Oekonomie & Management am Hochschulzentrum Nürnberg eingereicht.

ISSN 2625-3577 ISSN 2625-3615 (electronic)
BestMasters
ISBN 978-3-658-43933-0 ISBN 978-3-658-43934-7 (eBook)
https://doi.org/10.1007/978-3-658-43934-7

Die Deutsche Nationalbibliothek verzeichnet diese Publikation in der Deutschen Nationalbibliografie; detaillierte bibliografische Daten sind im Internet über http://dnb.d-nb.de abrufbar.

Planung/Lektorat: Carina Reibold
Springer Vieweg ist ein Imprint der eingetragenen Gesellschaft Springer Fachmedien Wiesbaden GmbH und ist ein Teil von Springer Nature.
Die Anschrift der Gesellschaft ist: Abraham-Lincoln-Str. 46, 65189 Wiesbaden, Germany

Das Papier dieses Produkts ist recyclebar.

Inhaltsverzeichnis

Abkürzungsverzeichnis

CE	Conformité Européene
EG	Europäische Gemeinschaft
EU	Europäische Union
EWR	Europäischer Wirtschaftsraum
MRK	Mensch-Roboter-Kollaboration
TCP	Tool Center Point
UR	Universal Robots

Abbildungsverzeichnis

Tabellenverzeichnis

Einleitung

1

In der heutigen industriellen Produktion führen die steigende Variantenvielfalt einzelner Produkte sowie immer geringer werdende Losgrößen durch kundenindividuelle Produkte zu einem erhöhten Flexibilitätsbedarf. Um einer Verlagerung der Produktionsprozesse in Niedriglohnländer entgegenzuwirken, müssen daher neue intelligente Fertigungs- und Produktionssysteme entwickelt und in die vorhandene Produktionslandschaft implementiert werden.

Der traditionelle Industrieroboter, wie er zumeist in der Automobilindustrie zum automatisierten Fertigen von hohen Stückzahlen eingesetzt wird, ist für diese neuen Anforderungen jedoch nur bedingt geeignet. Die Vorteile der Geschwindigkeit, Wiederholgenauigkeit und Zuverlässigkeit stehen den erheblichen Investitions- und Integrationskosten bezüglich einer variantenreichen Produktion gegenüber.

Es werden also neue, flexibel einsetzbare Unterstützungssysteme benötigt, wie sie beispielsweise hybride Montagesysteme in Form von Leichtbaurobotern bieten. Im Vergleich zu konventionellen Industrierobotern ermöglicht der Einsatz von Leichtbaurobotern eine direkte Interaktion mit dem Menschen und kombiniert damit die jeweiligen Vorteile der einzelnen Arbeitssysteme sinnvoll miteinander. Die Interaktion zwischen Roboter und Mensch, genannt Mensch-Roboter-Kollaboration, kommt meist ohne physische Trennung aus, stellt als Produktionssystem eine neue, dritte Produktionsform dar und ist zwischen der manuellen Montage und der vollautomatisierten Montage wiederzufinden. Der Einsatz solcher Systeme kann dabei nicht nur als eine Übergangslösung bezüglich eines veränderbaren Produktionsvolumens angesehen werden, sondern schließt auch die Lücke zwischen automatisierter und manueller Produktion.[1]

---

[1] Vgl. *Thomas et. al.*, 2015, S. 159.

D. Pusch, *Risikobeurteilung von Mensch-Roboter-Koexistenz-Systemen*, BestMasters, https://doi.org/10.1007/978-3-658-43934-7_1

1

1.1   Problemstellung

Die Teilung des Arbeitsraumes von Roboter und Mensch bei Anwendungen mit Leichtbaurobotern unterliegt, wie die Anwendungen traditioneller Industrieroboter auch, bestimmten rechtlichen Vorgaben. Diese rechtlichen Rahmenbedingungen, welche die Grundlage der Umsetzbarkeit darstellen, sind momentan so konservativ angesetzt, dass eine Integration in die vorhandenen Produktionslandschaften erschwert wird.[2] Auf Grund dieser Überregulierung werden derzeit andere Formen der Zusammenarbeit, wie die Interaktionsform der Koexistenz, vorrangig eingesetzt.[3] Hierbei teilen sich der Mensch und der Leichtbauroboter zwar keinen gemeinsamen Arbeitsraum, der Leichtbauroboter kann aber weiterhin ohne physische Trennung auskommen.

Dennoch sind auch für diese Interaktionsform Fragestellungen im Bereich der sicheren Auslegung zum Umgang mit den Gefährdungen für das Bedienpersonal nach heutigem Stand nicht vollumfänglich beantwortet und definiert.[4] Die nicht ausreichende Differenzierung innerhalb des Normenwerks stellt dabei die größte Herausforderung dar. Die Absicherung erfolgt im selben Umfang wie bei konventionellen Industrierobotern. Die notwendigen Maßnahmen und Sicherheitsfunktionen wirken deshalb oftmals überdimensioniert und das geringere Gefährdungspotential durch den Einsatz des Leichtbauroboters wird nicht ausreichend betrachtet. Aus dieser unverhältnismäßigen Auslegung der normativen Sicherheit resultiert demnach eine nicht unerhebliche Verschwendung an Produktionsfläche und ein Großteil der Flexibilität, die wiederum den ursprünglichen Einsatzzweck dieser Systeme begründet, entfällt.

Mit dem Einsatz von Leichtbauroboter-Anwendungen geht unabhängig der Interaktionsform, ein Zielkonflikt zwischen der Produktivität und der Sicherheit einher.[5] Entweder sind die Applikationen nach Einhaltung der rechtlichen Rahmenbedingungen nicht mehr wirtschaftlich genug, da sich die Taktzeit zu sehr erhöht hat, oder zu viel Produktionsfläche benötigt wird, um die geforderten Sicherheitsabstände einzuhalten.

Demgegenüber können die Anforderungen der Maschinensicherheit, wie die erlaubten biomechanischen Grenzwerte oder der normative Sicherheitsabstand zur Kontaktvermeidung mit dem Robotersystem, beim Fokus auf die Produktivität nicht vollumfänglich eingehalten werden.

---

[2] Vgl. *Wenk*, OTH-AW, o. J., o. S.
[3] Vgl. *Bauer, et. al.*, 2016, S. 39.
[4] Vgl. *Oberer-Treitz, Verl*, 2019, S. 3.
[5] Vgl. ebd., S. 15–16.

1.2   Zielsetzung

Aufgrund der bisher nicht ausreichenden Betrachtung der Leichtbaurobotik innerhalb der Maschinensicherheit und der daraus resultierenden teilweise überdimensionierten Auslegung der Anwendungen, soll für die Interaktionsform der Koexistenz eine erweiterte Bewertungsmethodik entwickelt werden. Mit deren Hilfe soll es möglich sein, den normativen Sicherheitsabstand bei gleichzeitiger Gewährleistung der notwendigen Maschinensicherheit zu reduzieren, um das volle Potential der neuen Technologie zu nutzen.

Die erweiterte Bewertungsmethodik kann dabei als eine systematische Herangehensweise verstanden werden, welche eine detailliertere Betrachtung und Bewertung des Gefährdungspotentials ermöglichen soll. Durch deren Anwendung soll der Grad der Überdimensionierung in Form von zu großen Sicherheitsabständen reduziert und zugleich die notwendige Sicherheit für das Bedienpersonal gewährleistet werden.

Im Zusammenhang dieser Masterarbeit ergeben sich deshalb drei zentrale Fragestellungen, welche im Laufe der Arbeit beantwortet werden sollen:

Welche Anforderungen aus der Normenwelt existieren aktuell für Mensch-Roboter-Koexistenz-Systeme und inwieweit bestehen hier normative Handlungsfelder bezüglich der Maschinensicherheit?

Besteht die Möglichkeit, den normativen Sicherheitsabstand in der Mensch-Roboter-Koexistenz unter Verwendung von Leichtbaurobotern beim Einsatz von nichttrennenden sowie bei beweglichen trennenden Schutzeinrichtungen zu reduzieren?

Wie müsste eine erweiterte Bewertungsmethodik aussehen, welche es ermöglicht, zweckmäßige Abweichungen von der Normenwelt durch sinnvolle Argumentationsketten zu dokumentieren?

1.3   Aufbau der Arbeit

Nach der Einleitung, welche die Problemstellung und Zielsetzung aufzeigt, erfolgt im zweiten Kapitel eine Einführung in die Grundlagen der Industrierobotik, hybrider Montagesysteme und deren Schutzprinzipien. Des Weiteren wird auf die rechtlichen Rahmenbedingungen eingegangen und zudem die Risikobeurteilung nach *DIN EN ISO 12100:2011–03*[6] und deren einzelne Prozessschritte aufgezeigt.

---

[6] Im weiteren Verlauf der Arbeit mit *EN ISO 12100* bezeichnet.

In Kapitel 3 findet eine systematische Analyse der normativen Anforderungen an Roboter-Anwendungen mit der Interaktionsform Koexistenz statt. Schwerpunktmäßig wird dabei auf die konkreten Anforderungen, welche mit dem Einsatz von beweglichen trennenden und nichttrennenden Schutzeinrichtungen einhergehen, eingegangen. Zusätzlich werden aktuelle normative Handlungsbedarfe bei der Umsetzung solcher Anwendungen aufgezeigt.

In Kapitel 4 werden anschließend Einflussfaktoren, welche Auswirkungen auf das Gefährdungspotential einer Roboter-Anwendung haben, herausgearbeitet, um daraus Ansätze für eine erweiterte Bewertungsmethode zu erarbeiten. Die Auswirkungen der verschiedenen Einflussfaktoren werden mit einem Versuchsaufbau in Kapitel 5 sorgfältig untersucht. Außerdem wird eine mögliche Reduzierung des Sicherheitsabstands beim Einsatz von nichttrennenden oder beweglichen trennenden Schutzeinrichtungen betrachtet.

Mit Hilfe der gewonnen Erkenntnisse aus dem Versuchsaufbau und den aufgezeigten Ansätzen wird anschließend in Kapitel 6 eine erweiterte Bewertungsmethodik entwickelt, welche das tatsächliche Risikopotential betrachtet und darüber eine Reduzierung des Sicherheitsabstands ermöglichen soll. Anhand einer realen Roboter-Anwendung erfolgt im 7. Kapitel die Validierung der aufgezeigten erweiterten Bewertungsmethodik. Die aus dieser Arbeit resultierenden Erkenntnisse werden abschließend zusammengefasst, und ein Ausblick auf weitere Anwendungs- und Entwicklungsmöglichkeiten gegeben.

Als Basis dieser Arbeit wird eine ausführliche Literaturrecherche in den einschlägigen Rechtstexten, Richtlinien und Normen durchgeführt.

Grundlagen

2

Ziel dieses Kapitels ist es, die Grundlagen der Industrierobotik und der hybriden Montagesysteme in Form von Mensch-Roboter-Kollaborationen zu beschreiben und zu erläutern. Weiter werden die rechtlichen Rahmenbedingungen, die mit einem Einsatz von Roboter-Anwendungen einhergehen aufgezeigt, um daraufhin die Risikobeurteilung nach *EN ISO 12100* und deren einzelne Prozessschritte genauer zu betrachten. Abschließend wird zudem eine Übersicht in Bezug auf relevante Normen und deren Grundlage im Bereich der Mensch-Roboter-Kollaboration vorgestellt.

2.1 Grundlagen der Industrierobotik

Industrielle Anwendungen, bei denen Industrieroboter zum Einsatz kommen, finden sich heute nahezu in allen Bereichen der Fertigungs- und Montageprozesse. Erste Anwendungen im industriellen Umfeld sind bereits seit mehr als vier Jahrzehnten zur schwerpunktmäßigen Automatisierung der Fließfertigung im Einsatz.[1] Ihre kürzeren Taktzeiten sowie die Wiederholgenauigkeit können umfassende Potentiale hinsichtlich der Rationalisierung und Qualitätssteigerung der Produktionsprozesse ermöglichen.[2]

Unter dem Begriff *Industrieroboter* versteht man ein universelles Handhabungsgerät, welches mit mindestens drei frei programmierbaren Bewegungsachsen ausgestattet ist, um Objekte im Raum handhaben zu können. Die programmierten Bewegungen beziehen sich auf einen speziellen Punkt, welcher als Tool

---

[1] Vgl. *Steil, Maier,* 2020, S. 324.
[2] Vgl. *Pott, Dietz,* 2019, S. 1.

Center Point[3] beziehungsweise Werkzeugmittelpunkt bekannt ist. Für die Bearbeitung oder das Handhaben von Teilen können verschiedenste Endeffektoren[4] beziehungsweise Werkzeuge am Roboterflansch montiert werden.[5]

Der größte Vorteil, der mit dem Einsatz von Industrierobotern einhergeht, ist deren Flexibilität bezüglich der freien Definition von Bewegungsabläufen, sodass praktisch beliebig viele Bewegungen ausgeführt werden können. Spezielle Sondermaschinen besitzen zwar teils eine höhere Qualität und/oder Verfahrgeschwindigkeiten, jedoch sind die ausführbaren Bewegungen durch die Konstruktion starr vorgegeben.[6]

Der grundlegende Aufbau eines Industrieroboters ist mit dem eines menschlichen Armes vergleichbar. Dies zeigt sich nicht nur im kinematischen Aufbau, sondern auch in den Bezeichnungen der einzelnen Baugruppen[7], siehe Abbildung 2.1.

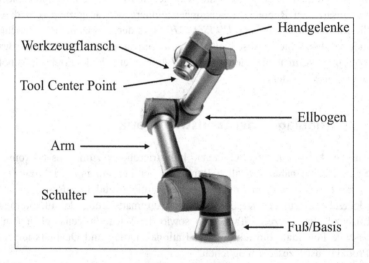

Abbildung 2.1 Baugruppen eines Industrieroboters. (Quelle: In Anlehnung an *Blankenmeyer, et. al.*, 2019, S. 39; Bildquelle: *Universal Robots GmbH*)

---

[3] Im Folgenden als TCP abgekürzt.

[4] Infolge der schwerpunktmäßigen Betrachtung von Montageprozessen sind vor allem Greifer und Vakuum-Sauger zum Handhaben der Werkstücke als Endeffektoren von Interesse.

[5] Vgl. *Blankenmeyer, et. al.*, 2019, S. 37.

[6] Vgl. *Pott, Dietz*, 2019, S. 3.

[7] Vgl. ebd., S. 2.

Ein reiner Industrieroboter, wie in Abbildung 2.1 aufgezeigt, stellt nur eine Komponente der gesamten Roboter-Anwendung dar und wird im rechtlichen Kontext deshalb als eine unvollständige Maschine angesehen.[8] Erst durch die Kombination mit weiteren Komponenten wird dieser zu einer vollständigen Maschine. Dies wird auch durch die in der Roboternorm enthaltene Definition für Robotersysteme deutlich.

Ein *Industrierobotersystem* besteht demnach aus mindestens einem Industrieroboter, den zugehörigen Endeffektor, sowie allen zugehörigen Komponenten wie Maschinen, Einrichtungen, Geräten, externe Hilfsachsen oder Sensoren, welche benötigt werden, um den Roboter bei der Ausführung einer Tätigkeit zu unterstützen.[9]

Gehören darüber hinaus „*ein Robotersystem oder mehrere Robotersysteme einschließlich dazugehöriger Maschinen und Ausrüstung sowie dem dazugehörigen, geschützten Bereich und Schutzmaßnahmen*"[10] zusammen, so wird von einer *Industrieroboterzelle* gesprochen.

Im Gegensatz zu anderen automatisierten Maschinen stellt ein Industrieroboter häufig ein erhöhtes Gefährdungspotential für das Bedienpersonal dar, was an den unvorhersehbaren, schnellen Bewegungen sowie der meist vorhandenen Bewegungsfreiheit des Roboters im freien Raum liegt.[11] Des Weiteren werden Industrieroboter klassischerweise in einer Vollautomatisierung[12]ohne direkte Zusammenarbeit zwischen Roboter und Mensch eingesetzt, weshalb sie auf reine Produktivität ausgelegt sind und dadurch ein sehr hohes Gefährdungspotential hervorgeht. Um das Bedienpersonal vor diesen auftretenden Gefährdungen zu schützen, wird zusätzliche Sicherheitstechnik benötigt. In der Regel werden hierfür Schutzzäune oder Türen genutzt, welche eine physikalische Trennung der zwei Arbeitsräume realisieren und ein Eintreten in den Gefährdungsbereich der Anwendung verhindern.

---

[8] Vgl. *Gehlen,* 2010, S. 70.
[9] Vgl. DIN EN ISO 10218–1:2012–01, S. 10.
[10] DIN EN ISO 10218–2:2012–06, S. 10.
[11] Vgl. *Hesse, Malisa,* 2016, Kapitel 2.6.1.
[12] In diesem Zusammenhang hohe Stückzahlen bei kurzem Takt.

2.2   Hybride Montagesysteme / Leichtbaurobotik

Um die physikalische Trennung zwischen Roboter und Mensch aufzulösen und neue, effektivere Formen einer Zusammenarbeit zu realisieren, konzentrierte sich die Roboterforschung der letzten 15 Jahre auf die Entwicklung von sicheren, kraftgeregelten Leichtbaurobotern.[13] Infolge dieser Entwicklung können hybride Montagesysteme verwirklicht und in die heutige Produktionslandschaft implementiert werden. Im Kontext der Robotik spricht man bei dieser Zusammenarbeit von einer Mensch-Roboter-Kollaboration[14].

Mit dem Einsatz von MRK-Anwendungen in Form von hybriden Montagesystemen können neue Automatisierungspotentiale sowie Einsparungen bezüglich Investitions- und Integrationskosten ermöglicht werden. Durch die Kollaboration kann auch die Automatisierung von geringen Losgrößen bei einer hohen Variantenvielfalt wirtschaftlich werden. Des Weiteren erhöht sich die Flexibilität im Vergleich zu konventionellen Robotern weiter, da auf sich ändernde Anforderungen durch den deutlich geringeren Aufwand bei der Integration von Leichtbauroboter-Anwendungen einfacher reagiert werden kann. Dies kann vor allem auf die einfache Programmierbarkeit zurückgeführt werden.[15]

Der Begriff *Kollaboration* stammt dabei aus dem Lateinischen con = *mit* und laborare = *arbeiten*, ab.[16] Zumeist wird in diesem Zusammenhang ein schutzzaunloser Betrieb von Roboter-Anwendungen verstanden.[17] Im ersten Teil der Sicherheitsnorm für Industrieroboter *DIN EN ISO 10218–1:2012–01*[18] werden dazu unter Kapitel 5.10 vier grundsätzliche Schutzprinzipien definiert, welche sicherheitstechnische Anforderungen an die Roboter-Anwendungen stellen, um eine gefahrenlose Nutzung zu gewährleisten. Diese vier Schutzprinzipien sind in Abbildung 2.2 dargestellt und erklärt. Unabhängig des konkret gewählten Schutzprinzips ist es Grundvoraussetzung, dass die Überwachung durch eine sichere Technik erfolgt.[19]

---

[13] Vgl. *Steil, Maier,* 2020, S. 324.

[14] Im Folgenden als MRK abgekürzt.

[15] Vgl. *Wenk, OTH-AW,* o. J., o. S.

[16] Vgl. *Thomas, et. al.,* 2015, S. 159.

[17] Vgl. *Bauer, et. al.,* 2016, S. 8.

[18] Im weiteren Verlauf der Arbeit mit *EN ISO 10218–1* bezeichnet.

[19] Vgl. *Thomas, et. al.,* 2015, S. 162.

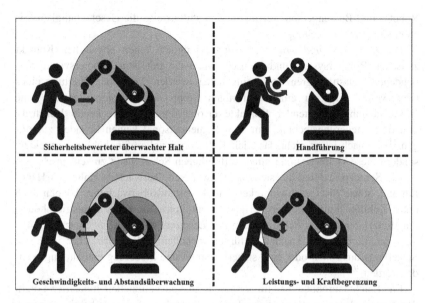

Abbildung 2.2 Schutzprinzipien der Mensch-Roboter-Kollaboration. (Quelle: In Anlehnung an *TÜV*, 2016, S. 11)

Beim *sicherheitsbewerteten überwachten Halt* wird der Nahbereich des Robotersystems durch technische Schutzeinrichtungen überwacht. Findet eine Auslösung durch eine sich nähernde Person statt, erfolgt ein sofortiger, geregelter Stopp des Roboters. Nach Verlassen der Sicherheitszone kann das Robotersystem seine Arbeit wieder automatisch aufnehmen.[20]

Das Schutzprinzip der *Handführung* setzt auf eine direkte Interaktion zwischen Roboter und Mensch mittels eines am Endeffektor montierten Bediengeräts. Diese Einrichtung übermittelt Bewegungsbefehle an den Roboter und stellt der Bedienperson damit passiv die Kraft des Roboters zur Verfügung.[21]

Die *Geschwindigkeits- und Abstandsüberwachung* ist vergleichbar mit dem sicherheitsbewerteten überwachten Halt. Bei diesem Schutzprinzip hat die Roboter-Anwendung dynamische Sicherheitszonen, welche die relative Distanz zwischen Roboter und Mensch betrachten. Reduziert sich der Abstand zwischen

---

[20] Vgl. *Oberer-Treitz, Verl,* 2019, S. 20.
[21] Vgl. DIN ISO/TS 15066:2017–04, S. 15; TÜV, 2016, S. 11.

Roboter und Bedienperson, verringert sich stufenweise die Geschwindigkeit, bis zu einem geregelten Stopp.[22]

Die *Leistungs- und Kraftbegrenzung* ermöglicht einen physischen Kontakt zwischen Robotersystem und Mensch, wenn die mit dem Robotersystem verbundenen Belastungsgrenzwerte eingehalten werden. Die Überschreitung eines Grenzwertes führt zu einem sofortigen Stopp des Robotersystems.[23] Eine Abschwächung auftretender Kontakte erfolgt durch entsprechende Konstruktion oder Steuerungstechnik, um dem Bedienpersonal keinen Schaden zuzufügen.[24]Demnach ist es nicht das Ziel, Kollisionen vollumfänglich zu vermeiden, sondern diese vielmehr unter einen verträglichen Schwellwert zu senken.[25]

Die Schutzprinzipien des sicherheitsbewerteten überwachten Halts, der Handführung, sowie die Geschwindigkeits- und Abstandsüberwachung, können auch unter Zuhilfenahme externer Peripherie mit konventionellen Industrierobotern umgesetzt werden.das Schutzprinzip der *Leistungs- und Kraftbegrenzung* sollte hingegen durch einen speziell dafür entwickelten Roboter, welcher inhärente Sicherheitsfunktionen oder eine sicherheitsrelevante Steuerung enthält, angewendet werden.[26]

Ein Leichtbauroboter hat im Vergleich zu konventionellen Industrierobotern den Vorteil, dass der erforderliche Teil der Sicherheits-Sensorik bereits in seiner Kinematik verbaut ist. Darüber hinaus ergibt sich durch die geringe Eigenmasse im Vergleich zur handhabenden Traglast ein immenser Vorteil in Form von geringeren Kollisionskräften, da der Leichtbauroboter niedrigere bewegte Massen aufweist.[27]

Unabhängig von den vier Schutzprinzipien für eine konkrete MRK-Anwendung können neben der konventionellen Roboterzelle zusätzlich vier weitere Interaktionsformen von Roboter und Mensch unterschieden werden, siehe Abbildung 2.3. Die Einteilung erfolgt dabei in Bezug auf die zeitliche und räumliche Dimension der Zusammenarbeit zwischen Roboter und Mensch.

Bei der Interaktionsform der *Koexistenz* agieren Roboter und Mensch sowohl räumlich als auch zeitlich getrennt voneinander. In den meisten Fällen haben diese Roboterzellen keine feststehenden trennenden Schutzeinrichtungen. Die *synchronisierte* Interaktion führt dagegen zu einer Überschneidung des Arbeitsraums von

---

[22] Vgl. *Oberer-Treitz, Verl,* 2019, S. 20; TÜV, 2016, S. 11.

[23] Vgl. DIN ISO/TS 15066:2017–04, S. 22; DIN EN ISO 10218–1:2012–01, S. 22.

[24] Vgl. *Oberer-Treitz, Verl,* 2019, S. 20.

[25] Vgl. ebd., S. 22.

[26] Vgl. *Blankenmeyer,* et. al., 2019, S. 48; DIN ISO/TS 15066:2017–04, S. 22.

[27] Vgl. Thomas, et.al., 2015, S. 165.

Roboter und Mensch. Hier werden jedoch die Tätigkeiten der zwei Arbeitssysteme zeitlich getrennt voneinander verrichtet, sodass Mensch und Roboter im zeitlichen Sinn einen definierten Übergabepunkt haben. Teilen sich hingegen Mensch und Roboter zeitgleich denselben Arbeitsraum handelt es sich entweder um eine *Kooperation* oder eine *Kollaboration*. Eine Unterscheidung dieser beiden Formen kann dahingehend getroffen werden, dass bei einer *Kooperation* Roboter und Mensch an verschiedenen Bauteilen, bei der *Kollaboration* hingegen an demselben Bauteil arbeiten.[28] Im weiteren Verlauf dieser Arbeit verstehen sich unter einer MRK-Anwendung alle aufgezeigten Interaktionsformen, falls nicht explizit auf eine dieser hingewiesen wird.

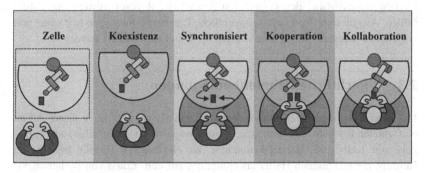

Abbildung 2.3 Interaktionsformen zwischen Roboter und Mensch. (Quelle: In Anlehnung an *Bauer, et al.*, 2016, S 8.)

Zur Vollständigkeit werden alle vorhandenen Interaktionsformen im Bereich der Mensch-Roboter-Kollaboration vorgestellt. Im industriellen Umfeld hat sich jedoch die Koexistenz als am weitesten verbreitete Interaktionsform hervorgehoben.[29] Auch die formulierten Fragestellungen dieser Arbeit konzentrieren sich auf den Einsatz von Koexistenz-Systemen.

Der vermehrte Einsatz von Koexistenz-Systemen im industriellen Umfeld ist vor allem auf die vorhandene Struktur der Montageprozesse zurückzuführen, die es ermöglichen, eine definierte Aufteilung des Arbeitsinhalts vorzunehmen. Die Zusammenarbeit zwischen Roboter und Mensch beschränkt sich in diesem Zusammenhang meist auf die reine Materialzuführung. Ist es möglich, die Zuführung des Materials automatisiert umzusetzen, spricht alles für den Einsatz eines

---

[28] Vgl. *Bauer, et al.*, 2016, S 8.
[29] Vgl. *Blankenmeyer, et. al.*, 2019, S. 50.

Koexistenz-Systems, welches modular an das zu fertigenden Produkt angepasst werden kann. Eine tatsächliche Kollaboration ist dann nicht notwendig, da auch bei der manuellen Montage häufig keine zwei Personen an demselben Bauteil zeitgleich arbeiten.[30]

Der Arbeitssicherheit kommt bei hybriden Montagesystemen in Form von MRK-Anwendungen ein besonderer Stellenwert zu, was vor allem auf die nicht mehr zwingende Trennung zwischen Roboter und Mensch zurückzuführen ist. Hieraus ergeben sich neue Gefährdungspotentiale, die durch geeignete Schutzmaßnahmen auf ein ungefährliches Maß reduziert werden müssen. Bei Mensch-Roboter-Koexistenz-Systemen wird wegen der Einfachheit meist auf das Schutzprinzip des sicherheitsbewerteten überwachten Halts zurückgegriffen. Der Hersteller muss dabei den gefahrlosen Betrieb der Roboter-Anwendung sicherstellen. Aus diesem Grund müssen rechtliche Rahmenbedingungen betrachtet und eingehalten werden, die im nachfolgenden Kapitel thematisiert werden.

2.3   Rechtliche Rahmenbedingungen

Das Inverkehrbringen von Produkten und Erzeugnissen, wie die in dieser Arbeit betrachteten Roboter-Anwendungen, ist im Europäischen Wirtschaftsraum[31] geregelt, um technische Handelshemmnisse zu eliminieren. Hierfür besteht ein Konzept zur technischen Harmonisierung, das auf dem Erlass von Binnenmarktrichtlinien, die grundlegende Sicherheits- und Gesundheitsschutzanforderungen definieren, beruht. Anhand harmonisierter europäischer Normen werden diese Anforderungen der Richtlinien konkretisiert und stellen damit die Basis für einen freien Warenverkehr innerhalb der Europäischen Union dar.[32]

Die gesetzlichen Anforderungen an Robotersysteme werden seit 2006 durch die gültige *EG-Maschinenrichtlinie 2006/42/EG*[33] geregelt. Diese stellt dadurch die wichtigste europäische Vorschrift für das Inverkehrbringen dar. Im Folgenden wird deshalb zuerst auf die *EG-Maschinenrichtlinie* und deren Besonderheiten eingegangen. Anschließend wird der grundlegende Aufbau der Normen im Bereich der Maschinensicherheit dargestellt.

---

[30] Vgl. *Steil, Maier,* 2020, S. 328.

[31] Im Folgenden als EWR abgekürzt.

[32] Vgl. *Hüning, et. al.,* 2017, S. 10.

[33] Im weiteren Verlauf der Arbeit mit *EG-Maschinenrichtlinie* bezeichnet.

2.3.1 Maschinenrichtlinie 2006/42/EG

Die *EG-Maschinenrichtlinie* definiert im Anhang I grundlegende Sicherheits- und Gesundheitsanforderungen an die Konstruktion und den Bau von in der Richtlinie erfassten Maschinen.[34] Der Inhalt der *EG-Maschinenrichtlinie* ist durch die 9. Verordnung[35] zum Produktsicherheitsgesetz in deutsches Recht umgesetzt.[36] Mit den einheitlich definierten Anforderungen wird es möglich, die Sicherheit und Gesundheit bei der Interaktion zwischen Maschine und Mensch sicherzustellen.[37] Im Artikel 2 der *EG-Maschinenrichtlinie* wird der Ausdruck *Maschine* wie folgt definiert:

„Eine mit einem anderen Antriebssystem als der unmittelbar eingesetzten menschlichen oder tierischen Kraft ausgestattet oder dafür vorgesehen Gesamtheit miteinander verbundenen Teile oder Vorrichtungen, von denen mindestens eines bzw. eine beweglich ist und die für eine bestimmte Anwendung zusammengefügt sind."[38]

Artikel 5 der *EG-Maschinenrichtlinie* definiert die Aufgaben, welche vor dem Inverkehrbringen und/oder Inbetriebnehmen einer Maschine durch den Hersteller oder seinen Bevollmächtigten durchgeführt werden müssen. Hierzu zählt beispielsweise die Anbringung der CE-Kennzeichnung an der Maschine oder dem Produkt selbst. Die Abkürzung *CE* steht für *Conformité Européenne* und bedeutet Übereinstimmung mit den *EU-Richtlinien*.[39] Durch die CE-Kennzeichnung erklärt der verantwortliche Hersteller, dass seine Maschine den grundlegenden Sicherheits- und Gesundheitsschutzanforderungen der *Europäischen Gemeinschaften*[40] genügt und den relevanten EU-Normen und Richtlinien entspricht.[41]

---

[34] Vgl. EG-Maschinenrichtlinie, 2006/42/EG, Anhang I.

[35] Maschinenverordnung, 9. Produktsicherheitsverordnung.

[36] Vgl. *Krey, Kapoor,* 2017, S. 27.

[37] Vgl. Pilz, o. J., o. S.

[38] EG-Maschinenrichtlinie 2006/42/EG, Artikel 2.

[39] Vgl. *Müller, et. al.,* 2019b, S. 311.

[40] Im Folgenden mit EG abgekürzt.

[41] Vgl. DGUV, o. J., o. S.

Darüber hinaus definiert Artikel 7, Absatz 2 der EG-Maschinenrichtlinie folgendes: „*Ist eine Maschine nach einer harmonisierten Norm hergestellt worden, ...,
so wird davon ausgegangen, dass sie den von dieser harmonisierten Norm erfassten grundlegenden Sicherheits- und Gesundheitsanforderungen entspricht.*"[42] Die
sogenannte *Vermutungswirkung* besagt demnach, dass ein Hersteller darauf vertrauen darf, die grundlegenden Sicherheits- und Gesundheitsschutzanforderungen
aus Anhang I der *EG-Maschinenrichtlinie* und deren Schutzziele erfüllt zu haben,
wenn harmonisierte Normen angewendet werden.[43]

Die Vermutungswirkung spielt dabei für den Hersteller eine wichtige Rolle,
weil sich hierdurch die Beweislast bezüglich der Gesetzeskonformität eines Produktes umkehrt und darüber eine ungehinderte Vermarktbarkeit innerhalb des
EWRs ermöglicht wird.[44]

Des Weiteren definiert Artikel 12, Absatz 1 der EG-Maschinenrichtlinie folgendes: „*Zum Nachweis der Übereinstimmung der Maschine mit den Bestimmungen
dieser Richtlinie führt der Hersteller oder sein Bevollmächtigter eines der ...
beschriebenen Konformitätsbewertungsverfahren durch.*"[45]

Die in dieser Arbeit betrachteten Roboter-Anwendungen fallen gewöhnlich
unter die *interne Fertigungskontrolle*, weshalb hier von einer Art Selbstzertifizierung gesprochen wird. So ist es die Aufgabe des Herstellers, die technischen Unterlagen nach Anhang VII der *EG-Maschinenrichtlinie* zu erstellen
und alle erforderlichen Maßnahmen zu ergreifen, um die Übereinstimmung
der hergestellten Maschine mit den technischen Unterlagen über den gesamten Herstellungsprozess sicherzustellen und die grundlegenden Sicherheits- und
Gesundheitsschutzanforderungen der *EG-Maschinenrichtlinie* einzuhalten.[46]

Zur Ermittlung der geltenden Sicherheits- und Gesundheitsschutzanforderungen einer konkreten Maschine fordert die *EG-Maschinenrichtlinie* die Durchführung einer Risikobeurteilung.[47] Diese bildet die Grundvoraussetzung für die
Konstruktion und den Bau von sicheren Maschinen. Die Zuverlässigkeit der
Durchführung entscheidet maßgeblich über das spätere sicherheitstechnische
Niveau und somit über die Arbeitssicherheit für den Anwender.[48]

---

[42] EG-Maschinenrichtlinie 2006/42/EG, Artikel 7.

[43] Vgl. ebd.

[44] Vgl. Zvei, 2017, S. 2.

[45] EG-Maschinenrichtlinie 2006/42/EG, Artikel 12.

[46] Vgl. ebd., Anhang VIII, Nr. 3.

[47] Ebd., Anhang I, Allgemeine Grundsätze, Nr. 1.

[48] Vgl. *Neudörfer*, 2021, S. 164.

Die stetig steigende Automatisierung und der zugehörige Wandel im Maschinenbau haben das Produktionsumfeld seit der letzten Veröffentlichung der *EG-Maschinenrichtlinie* im Jahr 2006 zudem erheblich verändert. Die zunehmende Digitalisierung und Vernetzung im Produktionsumfeld und daraus resultierende Themen wie künstliche Intelligenz und industrielle Sicherheit, werden nach heutigem Stand nicht vollumfänglich betrachtet.[49] Aus diesem Grund wurde am 21. April 2021 ein offizieller Vorschlag zur Überarbeitung durch die europäische Kommission veröffentlicht. Die Richtlinie soll durch eine Verordnung abgelöst werden, was dazu führt, dass diese bereits beim Erscheinen eine unmittelbare Rechtswirkung entfaltet und nicht über langwierige Prozesse ins nationale Recht umgesetzt werden muss.[50]

Mit dieser Verordnung gehen keine neuen Anforderungen für die in dieser Arbeit betrachteten Roboter-Anwendungen einher, sodass der Inhalt der Maschinenverordnung nicht weiter betrachtet wird.

2.3.2 Normenwerk der Maschinensicherheit

Normen sind Vereinbarungen, welche durch diverse Interessenverbände wie Hersteller, Verbraucher, Prüfstellen, Arbeitsschutzbehörden und Regierungen getroffen werden und bilden den aktuellen Stand der Technik zum Zeitpunkt der Erstellung ab.[51] Harmonisierte Normen werden im Auftrag der EU-Kommission durch die zwei Normungsorganisationen *CEN* (Comitè Européen de Normalisation) und *CENELEC* (Comité Européen de Normalisation Électrotechnique) erarbeitet und haben die Konkretisierung der Anforderungen aus den EU-Richtlinien zum Ziel.[52] Nach Veröffentlichung im Amtsblatt der Europäischen Gemeinschaft müssen diese ohne jegliche Änderungen in nationale Normen übernommen und gegebenenfalls eigene widersprüchliche Normen zurückgezogen werden.[53] Sobald eine europäische Norm von einem EU-Mitgliedstaat auf nationaler Ebene umgesetzt ist, gilt diese als harmonisiert und kann die sogenannte

---

[49] Vgl. elektro-Automation, 2021, o.S.

[50] Vgl. *Vorderstemann*, Kothes, 2021, o. S.

[51] Vgl. Sick, 2017, S. §-7.

[52] Vgl. *Kindler, Menke*, 2017, S. 38.

[53] Vgl. Siemens, 2021, S. 18.; *Neudörfer*, 2021, S. 24.

Konformitätsvermutung auslösen.[54] Die Anwendung und Einhaltung von europäischen Normen ist jedoch nur auf freiwilliger Basis, weshalb auch eigene Regelwerke genutzt werden könnten, die jedoch mindestens ein gleiches oder sogar höheres Sicherheitsniveau aufweisen sollten.[55]

Normen definieren nicht nur Anforderungen an die Maschinensicherheit, sondern geben auch allgemeine Hinweise und Informationen, wie Maschinen zu gestalten sind, um Mensch, Maschine und die Umwelt zu schützen.[56] Das europäische Normenwerk ist nach dem deduktiven Prinzip *vom Allgemeinen zum Konkreten* aufgebaut und gliedert sich entsprechend der Abbildung 2.4 in drei Hierarchieebenen.[57]

Die *Typ-A-Normen* beinhalten allgemeine Gestaltungsleitsätze, Grundbegriffe sowie allgemeine Aspekte, welche auf Maschinen angewandt werden können. Die *Typ-B-Normen* sind nochmal unterteilt in *Typ-B1-Normen*, die allgemeine, übergeordnete Sicherheitsaspekte wie beispielsweise Mindestabstände zur Vermeidung des Quetschens von Körperteilen oder Emissionen durch Lärm betrachten, sowie in *Typ-B2-Normen*. Letztere definieren Anforderungen an Schutzeinrichtungen, wie beispielsweise Not-Halt-Einrichtungen, Zweihandschaltungen oder berührungslos wirkende Schutzeinrichtungen in Form von Sicherheits-Lichtgittern. Die Sicherheitsanforderungen für einen speziellen Maschinentyp oder einer Gruppe von Maschinen werden in *Typ-C-Normen* definiert.[58] Die Anforderung aus einer *Typ-C-Norm* kann von denen in *Typ-A-* oder *Typ-B-Normen* abweichen, da diese deutlich spezifischer auf eine Maschine ausgerichtet sind. Für diesen Fall gelten die Anforderungen aus der *Typ-C-Norm.*[59]

---

[54] Vgl. *Neudörfer*, 2021, S. 24.

[55] Vgl. *Kindler, Menke*, 2017, S. 38.

[56] Vgl. *Heinrich, et. al.,* 2020, S. 378.

[57] Vgl. *Neudörfer,* 2021, S. 25.

[58] Vgl. DIN EN ISO 12100:2011–03, S. 5.

[59] Vgl. *Heinrich*, et. al., 2020, S. 378–379.

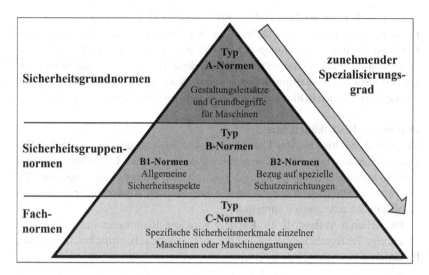

Abbildung 2.4 Normenpyramide technischer harmonisierter Normen. (Quelle: In Anlehnung an *Plaßmann, Schulz,* 2013, S. 670.)

2.4   Risikobeurteilung nach EN ISO 12100

Die Durchführung der Risikobeurteilung nach *EN ISO 12100 – Sicherheit von Maschinen – Allgemeine Gestaltungsleitsätze – Risikobeurteilung und Risikominderung* stellt, wie in Abschnitt 2.3.1 beschrieben, einen essenziellen Prozessschritt zur CE-Kennzeichnung einer Maschine dar. Aus diesem Grund wird nachfolgend auf den kompletten Prozess detailliert eingegangen.

Der Hauptzweck der Norm ist es, Maschinen zu konstruieren und zu bauen, welche bei ihrer bestimmungsgemäßen Verwendung als sicher gelten. Hierfür wird dem Anwender[60] ein systematischer Gesamtüberblick über die einzelnen durchzuführenden Schritte sowie die notwendigen technischen Grundlagen aufgezeigt.[61] Zudem kann diese Norm als Anhaltspunkt für die Erarbeitung geeigneter und abgestimmter Typ-B- und Typ-C-Normen genutzt werden.[62]

---

[60] Konstrukteur, Techniker, Sicherheitsingenieur, etc.

[61] Vgl. DIN EN ISO 12100:2011–03, S. 5.

[62] Vgl. ebd.

Zusätzlich kann die *DIN ISO/TR 14121-2:2013-02*[63] herangezogen werden. Diese hat den Status eines Technischen Berichts und stellt einen praktischen Leitfaden für die Durchführung der Risikobeurteilung nach *EN ISO 12100* zur Verfügung. Darüber hinaus werden verschiedene Verfahren und Instrumente für die einzelnen Prozessschritte aufgezeigt. Zugleich sind auch zahlreiche Beispiele für die Prozesse der Risikobeurteilung und der Risikominderung enthalten.[64]

Prozess der Risikobeurteilung

Die Vorgehensweise bei der Durchführung der Risikobeurteilung nach *EN ISO 12100* leitet sich aus den *Allgemeinen Grundsätzen* Nr. 1, die im Anhang I der *EG-Maschinenrichtlinie* definiert sind, ab. Die Anforderungen aus der *EG-Maschinenrichtlinie* an die Risikobeurteilung und die Risikominderung sind in Abbildung 2.5 schematisch dargestellt.

Im weiteren Verlauf dieses Kapitels wird die Risikobeurteilung sowie die zugehörige Risikominderung anhand der aufgezeigten schematischen Darstellung beschrieben.

Festlegung der Grenzen

Die Festlegung der Grenzen einer Maschine ist der erste Schritt einer jeden Risikobeurteilung. Dabei sollen sämtliche Lebensphasen einer Maschine während ihrer gesamten Lebensdauer berücksichtigt werden. Nachfolgende vier Grenzen müssen hierzu betrachtet werden.[65]

- Verwendungsgrenzen
- Räumliche Grenzen
- Zeitliche Grenzen
- Weitere/Sonstige Grenzen

---

[63] Im weiteren Verlauf der Arbeit mit *ISO/TR 14121-2* bezeichnet.

[64] Vgl. DIN ISO/TR 14121-2:2013-02, S. 6.

[65] Vgl. DIN EN ISO 12100:2011-03, S. 19.

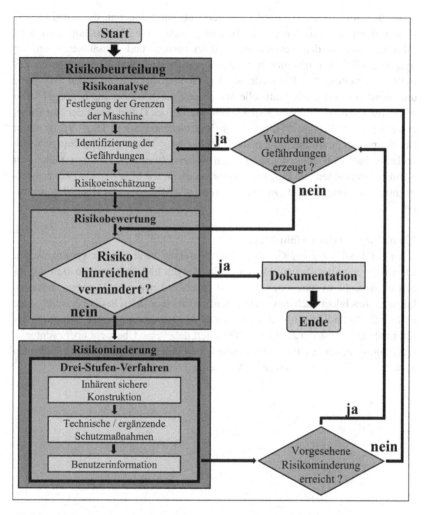

Abbildung 2.5 Vereinfachte Darstellung der Risikobeurteilung und –minderung. (Quelle: In Anlehnung an DIN EN ISO 12100:2011–03, S. 16.)

Unter den *Verwendungsgrenzen* verstehen sich unter anderem die grundlegende Beschreibung der Maschine, deren bestimmungsgemäße Verwendung, aber auch Informationen zu den verschiedenen Betriebsarten und Einsatzbereichen der Maschine. Bei den *räumlichen Grenzen* werden Informationen bezüglich des Bewegungsraums, des Platzbedarfs, der Wechselwirkung zwischen Maschine und Mensch sowie die Schnittstelle Maschine/Energieversorgung benötigt.[66] Die *zeitlichen Grenzen* umfassen Aspekte hinsichtlich der Lebensdauer der Maschine, einzelner Bauteile sowie Hinweise zu Wartungsintervallen. Dies erfolgt unter Beachtung der bestimmungsgemäßen Verwendung sowie der vernünftigerweise vorhersehbaren Fehlanwendung. Zu den *weiteren/sonstigen Grenzen* zählen vor allem Informationen zur Eigenschaft des verarbeiteten Materials und zur Sauberhaltung sowie umgebungsbezogene Hinweise wie Mindest- oder Höchsttemperaturen.[67]

Identifizierung der Gefährdungen
Nach der Festlegung der Grenzen einer Maschine kann mit der systematischen Identifizierung aller vorhersehbaren Gefährdungen und Gefahrensituation begonnen werden, die in sämtlichen Phasen der Lebensdauer einer Maschine auftreten können. Dies bildet auch den wichtigsten Schritt einer jeden Risikobeurteilung ab, da hier die Grundlagen für später zu treffende Maßnahmen gelegt werden.[68] Der informative Anhang der *EN ISO 12100* liefert dabei eine Übersicht über eventuelle Gefährdungen, deren Ursprung und mögliche Folgen, die an Maschinen auftreten können. Ein Auszug hiervon ist in Abbildung 2.6 dargestellt.

---

[66] Vgl. *Heinrich*, et. al., 2020, S. 379–380.
[67] Vgl. DIN EN ISO 12100:2011–03, S. 19–20.
[68] Vgl. ebd., S. 21.

Nr.	Art oder Gruppe	Beispiele für Gefährdungen		Unterabschnitt dieser Internationalen Norm
		Ursprung[a]	Mögliche Folgen[b]	
1	Mechanische Gefährdungen	– Beschleunigung/Abbremsung;	– Überfahren werden;	6.2.2.1
		– spitze Teile;	– Weggeschleudert werden;	6.2.2.2
		– Annäherung eines sich bewegenden Teils an ein feststehendes Teil;	– Quetschen;	6.2.3 a)
			– Schneiden oder Abschneiden;	6.2.3 b)
		– schneidende Teile;	– Einziehen oder Fangen;	6.2.6
		– elastische Elemente;	– Erfassen;	6.2.10
		– herab fallende Gegenstände;	– Reiben oder Abschürfen;	6.3.1
		– Schwerkraft;	– Stoß;	6.3.2
		– Höhe gegenüber dem Boden;	– Eindringen von unter Druck stehenden Medien;	6.3.3
		– Hochdruck;		6.3.5.2
		– fehlende Standfestigkeit/-sicherheit;	– Scheren;	6.3.5.4
			– Ausrutschen, Stolpern und Stürzen;	6.3.5.5
		– kinetische Energie;	– Durchstich oder Einstich;	6.3.5.6
		– Beweglichkeit der Maschine;	– Ersticken.	6.4.1
		– sich bewegende Teile;		6.4.3
		– rotierende Teile;		6.4.4
		– raue, rutschige Oberfläche;		6.4.5
		– scharfe Kanten;		
		– gespeicherte Energie;		
		– Vakuum.		
2	Elektrische Gefährdungen	– Lichtbogen;	– Verbrennung;	6.2.9
		– elektromagnetische Vorgänge;	– chemische Reaktionen;	6.3.2
		– elektrostatische Vorgänge;	– Auswirkungen auf medizinische Implantate;	6.3.3.2
		– spannungsführende Teile;		6.3.5.4
		– unzureichender Abstand zu unter Hochspannung	– tödlicher Stromschlag;	6.4.4
			– Stürzen, Weggeschleudert werden;	6.4.5
			– Feuer;	

Abbildung 2.6 Auszug aus der *EN ISO 12100*, Beispiele für Gefährdungen. (Quelle: DIN EN ISO 12100:2011–03, S. 63.)

In Abbildung 2.6 sind die Gefährdungen entsprechend ihrer Art[69] gruppiert. In den Spalten drei und vier wird der Ursprung der Gefährdung und deren mögliche Folgen beispielhaft angegeben. In der letzten Spalte wird auf den Abschnitt innerhalb der *EN ISO 12100* verwiesen, in welchem die konkreten Gefährdungen behandelt und Informationen dazu geben werden.[70] Aber nicht nur der informative Teil der *EN ISO 12100* liefert hierzu Informationen, sondern vor allem Typ-C-Normen geben Beispiele für typischerweise auftretende Gefährdungen bei der Verwendung solcher Maschinen.[71]

---

[69] Mechanische Gefährdungen, Elektrische Gefährdungen, Thermische Gefährdungen, etc.

[70] Vgl. DIN EN ISO 12100:2011–03, S. 64.

[71] Vgl. DIN EN ISO 10218–2:2012–06, S. 57.

Bei der Identifizierung der vorhandenen Gefährdungen sollten zudem nicht nur die vernünftigerweise vorhersehbaren Gefährdungen betrachtet werden, sondern auch Gefährdungen, die nicht unmittelbar mit der Verwendung einer Maschine einhergehen.[72] Auch wenn bereits Schutzmaßnahmen getroffen sind, sollte die Identifizierung von Gefährdungen immer anhand einer ungeschützten Maschine erfolgen, da sonst nur eine Beurteilung von Restrisiken erfolgt.[73]

Risikoeinschätzung
Nachdem alle Gefährdungen mit Hilfe der zuvor aufgezeigten Struktur ermittelt sind, müssen diese nun in einem systematischen Verfahren bewertet werden, um deren tatsächliches Risiko beurteilen zu können. Hierzu existieren verschiedene Instrumente, die den Anwender bei der Risikoeinschätzung unterstützen können. Nach *EN ISO 12100*, Abs 5.5.1 hängt ein Risiko von zwei Elementen ab, dem Schadensausmaß und der Eintrittswahrscheinlichkeit dieses Schadens, siehe Abbildung 2.7.

Abbildung 2.7 Risikoelemente gemäß EN ISO 12100. (Quelle: In Anlehnung an DIN EN ISO 12100:2011–03, S. 24.)

In der normativen Literatur werden zahlreiche Instrumente, welche zur Einschätzung von Risiken im Prozess der Risikobeurteilung herangezogen werden können, aufgeführt. Die Wahl des einzusetzenden Instrumentes ist jedoch nicht

---

[72] Vgl. DIN EN ISO 12100:2011–03, S. 21.
[73] Vgl. *Neudörfer*, 2021, S. 144.

ausschlaggebend für ein gutes Ergebnis, sondern vielmehr der Prozess an sich. Bei der Auswahl eines Instrumentes ist darauf zu achten, dass sowohl Schadensausmaß als auch die Eintrittswahrscheinlichkeit als Risikoelemente vorhanden sind und für die Einschätzung verwendet werden.[74]

Risikobewertung

Mit Hilfe der Risikobewertung werden die zuvor eingeschätzten Risiken betrachtet und auf die Notwendigkeit einer Risikominderung geprüft. Ist auf Grund des Schadensausmaßes und/oder der Eintrittswahrscheinlichkeit mit einer erhöhten Gefährdung zu rechnen, so müssen risikomindernde Maßnahmen getroffen werden, um die Gefährdung auf ein angemessenes Maß zu reduzieren. Durch Einsatz risikomindernder Maßnahmen ergibt sich eine neue Betrachtungsweise der Gefährdung, weshalb diese erneut durch den iterativen Prozess der Risikobeurteilung bewertet werden muss.[75] Hierbei wird nun geprüft, ob die getroffenen Maßnahmen das Risiko hinreichend reduziert haben oder ob das bestehende Risiko zum Beispiel durch eine neu entstandene, bisher nicht erkannte Gefährdungssituation erhöht wurde.[76] Wird bei der Risikobewertung für eine konkrete Gefährdungssituation das Risiko als hinreichend vermindert angesehen, so wird diese anschließend dokumentiert und es kann mit der Bewertung der nächsten Gefährdungssituation fortgefahren werden.[77]

Risikominderung

Für identifizierte Gefährdungssituationen, die nach der Risikobewertung kein akzeptables Risiko aufweisen, müssen beim Prozess der Risikominderung Schutzmaßnahmen getroffen werden. Eine Reduzierung erfolgt dabei über die zwei zuvor definierten Risikoelemente durch Verringerung des Schadensausmaßes und/oder der Eintrittswahrscheinlichkeit.

Für die Reihenfolge der anzuwenden Maßnahmen definiert die *EN ISO 12100* ein *Drei-Stufen-Verfahren*. Dieses teilt die Maßnahmen in drei Arten ein. Die *inhärent sichere Konstruktion*, die *technischen* und *ergänzenden Schutzmaßnahmen* und die

---

[74] Vgl. DIN ISO/TR 14121–2:2013–02, S. 14.

[75] Vgl. *Linke*, 2021, S. 1613.

[76] Vgl. *Kessels, Muck*, 2020, S. 26.

[77] Vgl. DIN EN ISO 12100:2011–03, S. 16.

Benutzerinformationen. Dabei entspricht die hier aufgezählte Reihenfolge auch der in der Realität umzusetzenden Rangfolge, vergleiche Abbildung 2.5 unten links.[78] Die *inhärent sichere Konstruktion,* die auch als unmittelbare Sicherheitstechnik bezeichnet werden kann, soll möglichst viele Gefährdungen vermeiden und ist *„der erste und wichtigste Schritt im Prozess der Risikominderung.“*[79] So können beispielsweise Gefährdungen durch Auswahl geeigneter Konstruktionsmerkmale umgestaltet werden, sodass diese Gefährdungen gar nicht erst aufkommen.[80] Die inhärent sichere Konstruktion stellt dabei die einzige Möglichkeit dar, eine Gefährdungssituation vollständig zu eliminieren.[81] Aus diesem Grund muss diese Art der Risikominderung auch immer vorrangig betrachtet werden.

Technische Schutzmaßnahmen und/oder ergänzende Schutzmaßnahmen werden verwendet, wenn Gefährdungen nicht durch eine inhärent sichere Konstruktion vermieden oder reduziert werden können. Zu den technischen Schutzmaßnahmen zählen trennende sowie nichttrennende Schutzeinrichtungen.[82] Eine weitere Kategorisierung dieser zwei Obergruppen kann der Begriffserklärung zur *EN ISO 12100* entnommen werden.

Unter einer trennenden Schutzeinrichtung ist demnach „...*ein Maschinenteil, das Schutz mittels einer physischen Barriere bietet*"[83], wie zum Beispiel eine Schutzeinhausung, zu verstehen. Aber auch bewegliche trennende Einrichtungen wie Schutztüren oder Klappen zählen zu dieser Kategorie. Im Gegensatz dazu versteht man unter einer nichttrennenden Schutzeinrichtung „...*eine Einrichtung ohne trennende Funktion, die allein oder in Verbindung mit einer trennenden Schutzeinrichtung das Risiko vermindert*".[84] Hier kann beispielhaft der Einsatz eines Sicherheits-Lichtgitters aufgeführt werden.

Zu den ergänzenden Schutzmaßnahmen gehören Einrichtungen zum Stillsetzen im Notfall, wie beispielsweise ein Not-Halt-Pilzdrucktaster oder Maßnahmen zur Energietrennung.[85]

---

[78] Vgl. DIN EN ISO 12100:2011–03, S. 29.

[79] Ebd., S. 30.

[80] Vgl. *Neudörfer,* 2021, S. 254.

[81] Vgl. *Schucht, Berger,* 2019, S. 112.

[82] Vgl. *Brecher, Weck,* 2017, S. 448.

[83] EG-Maschinenrichtlinie Anhang 2006/42/EG, Anhang I, Nr. 1.1.1.

[84] Ebd.

[85] Vgl. DIN EN ISO 12100:2011–03, S. 53–54.

Benutzerinformationen stellen die letzte Möglichkeit dar, eine noch vorhandene Gefährdung zu mindern. Zweck ist es, dem Benutzer über den ordnungsgemäßen und sicheren Umgang mit der Maschine zu informieren.[86] Dies kann beispielsweise durch Informationen über Restrisiken innerhalb der Betriebsanleitung, aber auch durch Hinweise direkt an der Maschine beziehungsweise der Gefahrenstelle selbst in Form von Piktogrammen umgesetzt werden. Eine Risikominderung durch Benutzerinformationen darf allerdings niemals an Stelle einer inhärent sicheren Konstruktion und/oder von technischen Schutzmaßnahmen verwendet werden.[87]

Dokumentation

In der *EG-Maschinenrichtlinie* sowie in der *EN ISO 12100* werden keinerlei konkrete Anforderungen bezüglich der Dokumentation der Risikobeurteilung vorgeschrieben. Wichtig ist nur, dass es außenstehenden Dritten[88] möglich sein muss, die durchgeführten Schritte und getroffenen Entscheidungen der Risikobeurteilung nachvollziehen zu können.[89] In der Praxis hat sich für die Dokumentation der Risikobeurteilung eine Tabellenform oder der Einsatz von unterstützenden Softwaretools bewährt, welche dem Verwender zusätzliche Hilfestellung bieten können.

2.5   Übersicht relevanter Normen und Spezifikationen für Koexistenz-Systeme

In Tabelle 2.1 ist eine Übersicht der Normen und Spezifikationen dargestellt, die bei Konstruktion und Bau einer Roboter-Anwendung mit der Interaktionsform Koexistenz und dem Schutzprinzip des sicherheitsbewerteten überwachten Halts relevant sind.

---

[86] Vgl. *Krey, Kapoor,* 2017, S. 69.

[87] Vgl. DIN EN ISO 12100:2011–03, S. 29.

[88] Marktaufsichtsbeamte, Produkthaftrichter, Staatsanwalt, etc.

[89] Vgl. *Pichler*, 2018, S. 67.

Tabelle 2.1 Übersicht relevante Normen und Spezifikationen für Koexistenz-Systeme

Normen-Typ	Nummer	Titel[a]
Typ-A-Norm	DIN EN ISO 12100:2011-03	Sicherheit von Maschinen – **Allgemeine Gestaltungsleitsätze** – Risikobeurteilung und Risikominderung
Technischer Bericht	DIN ISO/TR 14121-2:2013-02	Sicherheit von Maschinen – Risikobeurteilung – Teil 2 **Praktischer Leitfaden und Verfahrensbeispiele**
Typ-B-Norm	DIN EN ISO 13849-1:2016-06	Sicherheit von Maschinen – **Sicherheitsbezogene Teile von Steuerungen** – Teil 1: Allgemeine **Gestaltungsleitsätze**
Typ-B-Norm	DIN EN ISO 13849-2:2013-02	Sicherheit von Maschinen – **Sicherheitsbezogene Teile von Steuerungen** – Teil 2: **Validierung**
Typ-B-Norm	DIN EN ISO 13854:2020-01	Sicherheit von Maschinen – **Mindestabstände** zur Vermeidung des Quetschens von Körperteilen
Typ-B-Norm	DIN EN ISO 13855:2010-10	Sicherheit von Maschinen – Anordnung von Schutzeinrichtungen im Hinblick auf **Annäherungsgeschwindigkeiten** von Körperteilen
Typ-B-Norm	DIN EN ISO 13857:2020-04	Sicherheit von Maschinen – **Sicherheitsabstände** gegen das Erreichen von Gefährdungsbereichen mit den oberen und unteren Gliedmaßen
Typ-C-Norm	DIN EN ISO 10218-1:2012-01	Industrieroboter – Sicherheitsanforderungen – Teil 1: **Roboter**
Typ-C-Norm	DIN EN ISO 10218-2:2012-06	Industrieroboter – Sicherheitsanforderungen – Teil 2: **Robotersysteme** und Integration
Technische Spezifikation	DIN ISO/TS 15066:2017-04	Roboter und Robotikgeräte – **Kollaborierende Roboter**

Quelle: Eigene Darstellung
[a]Hauptverwendungsbereich ist hervorgehoben.

Nachfolgend erfolgt eine kurze Beschreibung der in Tabelle 2.1 aufgelisteten Normen und Spezifikationen.[90] Die für die Zielsetzung dieser Thesis relevanten normativen Grundlagen werden zusätzlich im Detail erläutert.

---

[90] Auf die EN ISO 12100 und die ISO/TR 14121–2 wird nicht erneut eingegangen, vgl. Abschnitt 2.4 dieser Arbeit.

EN ISO 13849–1/2 – Sicherheitsbezogene Teile von Steuerungen

Ist es nicht möglich, eine vorhandene Gefährdungssituation durch eine konstruktive Maßnahme zu beseitigen, werden in der Praxis häufig technische Schutzmaßnahmen eingesetzt. Diese sind meist von sicherheitsbezogenen Teilen einer Steuerung abhängig. Hierfür stehen zwei harmonisierte Normen[91] zur Auswahl, die im Rahmen der Risikobeurteilung für die Auslegung der Sicherheitsfunktion(en) herangezogen werden können.[92] Da die *DIN EN ISO 13849–1:2016–06*[93] nicht nur für elektronische Technologien, sondern unter anderem auch für Pneumatik, Hydraulik und Mechanik verwendet werden kann, wird nur diese im Folgenden vorgestellt.[94]

Im ersten Teil der Norm werden Sicherheitsanforderungen sowie ein Leitfaden für die Gestaltung von sicherheitsbezogenen Teilen einer Steuerung aufgezeigt.[95] Für diese Teile werden Kategorien, die als Hardware-Architektur[96] verstanden werden können, festgelegt und die jeweiligen Eigenschaften beschrieben. Daraufhin wird ein Risikograph aufgezeigt, welcher die notwendige Architektur einer Sicherheitsfunktion durch eine schrittweise Bewertung nach definierten Parametern vorgibt und als Ergebnis einen Performance Level[97] liefert. Dieser ist in fünf Stufen von a, geringes Risiko bis e, hohes Risiko untergliedert, siehe Abbildung 2.8.[98] Die harmonisierte Norm für Industrieroboter fordert für technische Schutzeinrichtungen an Robotersystemen mindestens einen PL von d.[99]

Der zweite Teil der Norm definiert die Vorgehensweise sowie die Grundlagen, die bei der Validierung der definierten Sicherheitsfunktionen zu beachten sind. Ziel ist es aufzuzeigen, dass die definierten Sicherheitsfunktionen den Anforderungen der *EN ISO 13849–1* vollumfänglich erfüllt sind.[100]

---

[91] EN ISO 13849–1:2016–06 und DIN EN 62061:2016–05.

[92] Vgl. *Schucht, Berger,* 2019, S. 128.

[93] Im weiteren Verlauf der Arbeit mit EN ISO 13849–1 bezeichnet.

[94] Vgl. *Kring,* Weka, 2020, o. S.

[95] Vgl. ABB, 2014, S. 1/12.

[96] Steuerung, Sensoren, Aktoren, Verarbeitung, etc.

[97] Im Folgenden mit PL abgekürzt.

[98] Vgl. *Müller, et. al.,* 2019b, S. 316.

[99] Vgl. DIN EN ISO 10218–1:2012–01, S. 14.

[100] Vgl. DIN EN ISO 13849–2:2013–02, S. 6.

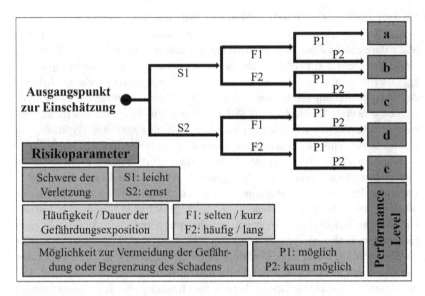

Abbildung 2.8 Risikograph zur Bestimmung des erforderlichen Performance Levels. (Quelle: In Anlehnung an DIN EN ISO 13849–1-2016–06, S. 63.)

EN ISO 13854 – Mindestabstände zur Vermeidung des Quetschens von Körperteilen

In der *DIN EN ISO 13854:2020–01*[101] sind in Abhängigkeit verschiedener menschlicher Körperteile, Mindestabstände definiert, welche Gefährdungen an Quetschstellen vermeiden und ausreichend Sicherheit gewährleisten sollen.[102] Für andere identifizierte Gefährdungen wie beispielsweise Scheren, Stoßen oder Einziehen können diese Abstände nicht genutzt werden.[103]

EN ISO 13855 – Anordnung von Schutzeinrichtungen mit Annäherungsfunktion

In der *DIN EN ISO 13855:2010–10*[104] werden die grundsätzlichen Anforderungen sowie ein definiertes Berechnungsschema für Schutzeinrichtungen mit Annäherungsfunktion beschrieben. Hiermit kann eine Risikominderung auf Grundlage einer

---

[101] Im weiteren Verlauf der Arbeit mit *EN ISO 13854* bezeichnet.
[102] Vgl. ABB, 2014, S. 1/12.
[103] Vgl. DIN EN ISO 13854:2020–01, S. 8.
[104] Im weiteren Verlauf der Arbeit mit *EN ISO 13855* bezeichnet.

Annäherungsreaktion umgesetzt werden. Über das Berechnungsverfahren werden zudem Mindestsicherheitsabstände ermittelt, die zwischen der eingesetzten Schutzeinrichtung und den durch die Maschine verursachten Gefährdungen[105] eingehalten werden müssen.[106] Da die Grundlagen dieser Norm besondere Relevanz für die aufgezeigten Fragestellungen dieser Masterarbeit haben, werden diese im Folgenden vertiefend dargestellt.

Formel 1: Allgemeine Berechnungsformel zur Bestimmung des Mindestabstands

$$S = (K \ x \ T) + C \qquad (2.1)$$

Quelle: In Anlehnung an DIN EN ISO 13855:2010–10, S. 12.
„*Dabei ist*

S der Mindestabstand, in Millimeter (mm);
K ein Parameter, in Millimeter je Sekunde (mm/s), abgeleitet von Daten über Annäherungsgeschwindigkeiten des Körpers oder von Körperteilen;
T der Nachlauf des gesamten Systems, in Sekunden (s), ...
C der Eindringabstand in Millimeter (mm)."[107]

Die dargestellte Gleichung gilt für ermittelte Sicherheitsabstände S bis einschließlich 500 mm. Der Mindestwert von S muss in diesem Fall 100 mm betragen. Überschreitet der Wert von S bei der Berechnung nach (2.1) den Wert von 500 mm kann die Annäherungsgeschwindigkeit K von 2.000 mm/s auf 1.600 mm/s reduziert werden. Hierbei gilt jedoch dann ein Mindestabstand von 500 mm.[108]

Kommen zur Absicherung der Gefahrenstelle bewegliche trennende Schutzeinrichtungen zum Einsatz, so darf die Annäherungsgeschwindigkeit K auf 1.600 mm/ s reduziert werden.[109] Im Hinblick auf die Anordnung der montierten Schutzeinrichtungen, der Annäherung des Menschen[110] sowie weiterer Gesichtspunkten in Abhängigkeit der konkreten Anwendung, ergeben sich teils unterschiedliche Berechnungsverfahren und Anforderungen bei der Umsetzung, die im Kapitel 6 der

---

[105] Quetschen, Scheren, Einziehen, Fangen, Durchstich, Einstich, etc.
[106] Vgl. DIN EN ISO 13855:2010–10, S. 5.
[107] Ebd., S. 12.
[108] Vgl. ebd., S. 15.
[109] Vgl. Ebd., S. 28.
[110] Orthogonal zur Annäherungsrichtung, parallel zur Annäherungsrichtung.

Norm abgebildet sind. Des Weiteren existieren in dieser Norm zusätzliche Berechnungsverfahren für das Unter-, Um- oder Übergreifen von Schutzeinrichtungen
und Beispielrechnungen, die für den in dieser Arbeit betrachteten Anwendungsfall
allerdings keine Relevanz haben.

**EN ISO 13857 – Sicherheitsabstände gegen das Erreichen von Gefährdungs-
bereichen**
In der *DIN EN ISO 13857:2020–04*[111] werden Sicherheitsabstände festgelegt,
die das Erreichen von maschinellen Gefährdungen durch die oberen oder unteren
Gliedmaßen verhindern sollen. Schwerpunktmäßig beziehen sich die definierten
Abstände auf schützende Konstruktionen in Form von feststehenden trennenden
Schutzeinrichtungen. Des Weiteren sind Informationen zu Abständen für den freien
Zugang der unteren Gliedmaßen beschrieben. Die definierten Abstände können
verwendet werden, wenn eine ausreichende Risikominderung durch deren alleinige
Anwendung erzielt wird.[112]

EN ISO 10218–1/-2 – Industrieroboter – Sicherheitsanforderungen
Das Normenpaar der *EN ISO 10218* befasst sich mit den Sicherheitsanforderungen
an Industrieroboter. Der erste Teil der Norm definiert Anforderungen an industrielle
Roboter selbst und ist deshalb für den Hersteller oder Integrator einer Roboter-
Anwendung eher irrelevant. Der zweite Teil der Norm befasst sich hingegen mit
den Gefährdungen eines Robotersystems, welche bei der Integration eines Industrieroboters in eine Industrieroboterzelle entstehen. Hier sind die Anforderungen
geregelt, die für den sicheren Betrieb der Anwendung gewährleistet werden müssen.

Des Weiteren definieren diese Rahmenbedingungen auch die Grundlagen zur
Mensch-Roboter-Kollaboration in Form der in Abschnitt 2.2 vorgestellten vier
Schutzprinzipien.

Zum aktuellen Zeitpunkt befinden sich beide Normenteile in Überarbeitung und
haben den Status eines Norm-Entwurfs. Es wird eine Überarbeitung des technischen Inhalts auf Grundlage der Erfahrungen, die seit der letzten Veröffentlichung
gewonnen werden konnten, durchgeführt. Die größte Änderung, die mit der Anpassung einhergeht, ist jedoch die Integration der Anforderungen aus der *ISO/TS
15066* bezüglich der kollaborierenden Roboter. Des Weiteren werden Einzelheiten
innerhalb der Benutzerinformationen, der funktionalen Sicherheit, Parameter und
Grenzwerte für die Risikoeinschätzung sowie für die Cybersicherheit angepasst.[113]

---

[111] Im weiteren Verlauf der Arbeit mit *EN ISO 13857* bezeichnet.
[112] Vgl. DIN EN ISO 13857:2020–04, S. 9.
[113] Vgl. Beuth, 2021, o. S.

DIN ISO/TS 15066 – Biomechanische Grenzwerte

Zum jetzigen Zeitpunkt hat die *DIN ISO/TS 15066:2017–04*[114] den Status einer Technischen Spezifikation und liefert zusätzlich zum Normenpaar der *EN ISO 10218* vertiefende Informationen und Sicherheitsanforderungen an kollaborierende Robotersysteme. In der Technischen Spezifikation werden die Rahmenbedingungen für das Schutzprinzip der *Leistungs- und Kraftbegrenzung* definiert und erweitern damit die Robotersicherheitsnorm bezüglich Umsetzungsvorgaben bei MRK-Anwendungen.[115] Da der *sicherheitsbewertete überwachte Halt*, die *Handführung* sowie die *Geschwindigkeits- und Abstandsüberwachung* auch mit einem konventionellen Industrieroboter umgesetzt werden können, stehen an dieser Stelle vor allem die Anforderungen an die *Leistungs- und Kraftbegrenzung* im Vordergrund.

Hierfür enthält die Technische Spezifikation *biomechanische Grenzwerte* für einen physischen Kontakt zwischen Roboter und Mensch. Diese können nach zwei Arten, in einen *transienten* und einen *quasistatischen Kontakt* unterschieden werden.

Nach *ISO/TS 15066* sind diese wie folgt definiert:

Quasistatischer Kontakt: *„Kontakt zwischen einer Bedienperson und einem Teil eines Robotersystems, bei dem der Körperteil der Bedienperson zwischen einem beweglichen Teil eines Robotersystems und einem anderen feststehenden oder beweglichen Teil der Roboterzelle eingeklemmt sein kann."*[116]

Transienter Kontakt: *„Kontakt zwischen einer Bedienperson und einem Teil eines Robotersystems, bei dem der Körperteil der Bedienperson nicht eingeklemmt ist und vom beweglichen Teil des Robotersystems zurückprallen kann."*[117]

Bei der Durchführung der Risikobeurteilung einer Roboter-Anwendung mit einem kollaborierenden Roboter werden die definierten biomechanischen Grenzwerte benötigt, um das Schadensausmaß bei einer möglichen Kollision mit dem Menschen beurteilen zu können. Die zwei möglichen Kontaktarten zwischen Roboter und Mensch sowie die unterschiedlichen Körperregionen, welche innerhalb der *ISO/TS 15066* unterschieden werden, sind in Abbildung 2.9 dargestellt.

---

[114] Im weiteren Verlauf der Arbeit mit ISO/TS 15066 bezeichnet.
[115] Vgl. *Oberer-Treitz, Verl,* 2019, S. 22.
[116] DIN ISO/TS 15066:2017–04, S. 7.
[117] Ebd.

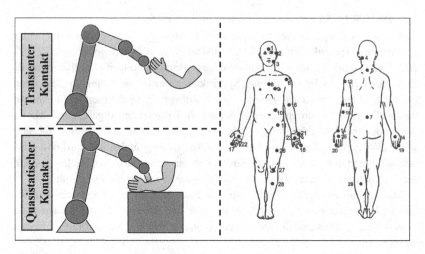

Abbildung 2.9 Kontaktarten und Körpermodell mit Kollisionspunkten. (Quelle: In Anlehnung an DGUV, 2017, S. 5; *Blankenmeyer, et. al., 2019,* S. 48.)

Bei einer Kollision zwischen Roboter und Mensch kommt es zu einer elastisch-plastischen Verformung des kollidierenden Körperteils, während die Roboterstruktur, zugehörige Komponenten und das handzuhabende Bauteil im Wesentlichen nicht verformt werden. Größe und Form der dreidimensionalen Kontaktfläche zwischen Körperteil und Roboter ändern sich während des Kollisionsprozesses dynamisch. Das mögliche Verletzungspotential wird dabei über die dynamisch wirkenden Kollisionskräfte und – drücke bestimmt.[118]

In Abbildung 2.10 ist hierzu ein Auszug der definierten biomechanischen Grenzwerte aus dem Anhang A der *ISO/TS 15066* dargestellt. Die Nummerierung aus Abbildung 2.9 findet sich auch in der Abbildung 2.10 wieder und teilt die Körperregionen ein. Des Weiteren ist in Abbildung 2.10 zu sehen, dass ein transienter Kontakt mit Schädel und Stirn (1/2) und Gesicht (3) komplett zu vermeiden ist. Außerdem ist festzustellen, dass die Grenzwerte beim transienten Kontakt mit dem Faktor 2 versehen sind, da hier gewöhnlich nur eine kurze Kontaktsituation besteht.[119]

---

[118] Vgl. BGIA, 2011, S. 7.
[119] Vgl. DIN ISO/TS 15066:2017–04, S. 33–34.

Körperregion	Spezifischer Körperbereich		Quasistatischer Kontakt		Transienter Kontakt	
			Maximal zulässiger Druck[a] p_s N/cm²	Maximal zulässige Kraft[b] N	Faktor für den maximal zulässigen Druck[c] P_T	Faktor für die maximal zulässige Kraft[c] F_T
Schädel und Stirn[d]	1	Stirnmitte	130	130	Nicht anwendbar	Nicht anwendbar
	2	Schläfe	110		Nicht anwendbar	
Gesicht[d]	3	Kaumuskel	110	65	Nicht anwendbar	Nicht anwendbar
Hals	4	Halsmuskel	140	150	2	2
	5	Siebter Halswirbel	210		2	
Rücken und Schultern	6	Schultergelenk	160	210	2	2
	7	Fünfter Lendenwirbel	210		2	2
			120			

Abbildung 2.10 Auszug der biomechanischen Grenzwerte gemäß ISO/TS 15066. (Quelle: DIN ISO/TS 15066:2017–04, S. 33.)

Durchführung Kraft- und Druckmessung nach DGUV-Information FB HM-080

Die durch die Risikobeurteilung ermittelten Grenzwerte müssen durch ein experimentelles Messverfahren an der realen Roboter-Anwendung validiert werden. Hierfür existiert ein experimentelles Verfahren zur Kraft- und Druckmessung, das nachfolgend vorgestellt wird. Die DGUV-Information FB HM-080 – *Kollaborierende Robotersysteme – Planung von Anlagen mit der Funktion „Leistungs- und Kraftbegrenzung"* liefert die entsprechend notwendigen Informationen und Hinweise bezüglich des Aufbaus des biofidelen Messsystems.

Beim Verfahren der Kraft- und Druckmessung trifft das Robotersystem, je nachdem durch welches Element das größte Gefährdungspotential hervorgeht, auf das Messsystem. Die erste Kontaktstelle stellt dabei ein Mikrofasertuch dar, das genutzt wird, um kleinere Oberflächenkonturen ausgleichen zu können. Darunter befindet sich die FUJI-Druckmessfolie, mit welcher es möglich ist, die auftretende Flächenpressung zu ermitteln. Als nächstes folgt ein auf dem Kraftmessgerät fixiertes Dämpfungselement, dass das menschliche Gewebe in Abhängigkeit der zu betrachtenden Körperregion darstellt. Das Kraftmessgerät ist mit einer Feder ausgestattet, die nach der entsprechenden Körperregion ausgewählt wird. Die Feder

wirkt auf den Kraftsensor des Kraftmessgerätes ein und zeichnet darüber die auftretenden Kräfte auf. Das aufgezeigte Messverfahren ist dabei für die beiden zuvor
beschriebenen Kontaktarten identisch. Weiterführende Informationen zum Messsystem bei kollaborierenden Robotersystemen kann der *DGUV-Information FB
HM-080* entnommen werden.

In Abbildung 2.11 ist ein möglicher Verlauf von Kraft oder Druck bei der Durchführung einer Messung dargestellt. Der Verlauf der Kurve gibt Auskunft darüber,
welche Kontaktsituation für die ermittelten biomechanischen Grenzwerte angenommen werden kann. Alle Kontaktsituationen, die innerhalb von 0,5 Sekunden
stattfinden, zählen zu einem Stoß im freien Raum[120], alles über dieser Grenze wird
als Klemmung[121] definiert.

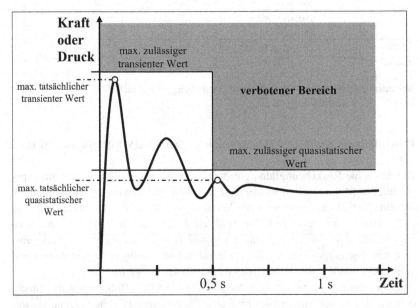

Abbildung 2.11 Graphische Darstellung eines Kraft- und/ oder Druckverlauf nach ISO/
TS 15066. (Quelle: In Anlehnung an *Hofbaur, Rathmair,* 2019, S. 303; DIN ISO/TS
15066:2017–04, S. 26.)

---

[120] Transienter Kontakt.
[121] Quasistatischer Kontakt.

Systematische Analyse und resultierende Handlungsfelder

3

Ein *Mensch-Roboter-Koexistenz-System* fällt, wie unter Abschnitt 2.3 in den rechtlichen Rahmenbedingungen aufgezeigt, unter den Anwendungsbereich der *EG-Maschinenrichtlinie*, weshalb die Anforderungen aus dem Anhang I der *EG-Maschinenrichtlinie* eingehalten werden müssen. Freiwillig anzuwendende harmonisierte Normen konkretisieren diese Anforderungen und lösen darüber die sogenannte *Konformitätsvermutung* aus.[1]

Aus diesem Grund wird nachfolgend auf die Anforderungen aus dem Anhang I der *EG-Maschinenrichtlinie* und der zugehörigen harmonisierten Normen eingegangen. Die im Verlauf dieses Kapitels aufgezeigten Anforderungen beziehen sich auf die mechanischen Gefährdungen eines Leichtbauroboters und seiner montierten Komponenten. Weitere vorhandene Gefährdungen, wie beispielsweise elektrische Gefährdungen, welche nicht direkt auf ein Mensch-Roboter-Koexistenz-System zurückzuführen sind, werden nur hinsichtlich relevanter Ausschnitte betrachtet. Die aufgeführten Anforderungen entsprechen also nur einer Auswahl, um die wesentlichen Prinzipien der angestrebten Zielsetzung zu vermitteln. Das Kapitel wird abschließend durch die Identifizierung von aktuell bestehenden normativen Handlungsfeldern im Bereich von Mensch-Roboter-Koexistenz-Systemen abgerundet.

---

[1] Vgl. *Hüning, et. al.,* 2017, S. 26.

D. Pusch, *Risikobeurteilung von Mensch-Roboter-Koexistenz-Systemen*, BestMasters, https://doi.org/10.1007/978-3-658-43934-7_3

3.1 Grundlegende Anforderungen aus der EG-Maschinenrichtlinie

Wie bereits bei den rechtlichen Rahmenbedingungen in Abschnitt 2.3 erwähnt, müssen mit der Durchführung einer Risikobeurteilung, die für die Maschine geltenden grundlegenden Sicherheits- und Gesundheitsschutzanforderungen aus dem Anhang I der *EG-Maschinenrichtlinie* ermittelt werden.

Hierzu steht im Anhang I der *EG-Maschinenrichtlinie* unter *Allgemeine Grundsätze* Nr. 2, dass die Verpflichtungen, die durch die grundlegenden Sicherheits- und Gesundheitsschutzanforderungen definiert werden, nur dann gelten, *„wenn an der betreffenden Maschine bei Verwendung unter den vom Hersteller oder einem Bevollmächtigten vorgesehenen Bedingungen oder unter vorhersehbaren ungewöhnlichen Bedingungen die entsprechende Gefährdung auftritt.“*[2]

Demnach müssen nur die Anforderungen aus dem Anhang I der *EG-Maschinenrichtlinie* betrachtet werden, welche tatsächlich an der konkreten Anwendung auftreten. Jedoch existieren auch Anforderungen, die unabhängig davon gelten. So heißt es in Nr. 2 der *Allgemeinen Grundsätze: „Die in Nummer 1.1.2 aufgeführten Grundsätze für die Integration der Sicherheit sowie die in den Nummern 1.7.3 und 1.7.4 aufgeführten Verpflichtungen ... gelten auf jeden Fall. “*[3]

Da die unter Nr. 1.7.3 und Nr. 1.7.4 definierten Anforderungen für die aufgeführte Zielstellung keine Relevanz haben, werden nur die *Grundsätze für die Integration der Sicherheit*, die unter Anhang I Nr. 1.1.2 zu finden sind, betrachtet. Diese definieren unter anderem eine Reihenfolge, in der die zu treffenden Maßnahmen umgesetzt werden müssen. Das unter Abschnitt 2.4 vorgestellte *Drei-Stufen-Verfahren* zur Risikominderung nach *EN ISO 12100* orientiert sich an diesen Anforderungen, weshalb die Punkte aus der *EG-Maschinenrichtlinie* hier nicht aufgezeigt werden.

Die neue Maschinenverordnung, die sich aktuell in der Entwurfsphase befindet, liefert keine neuen oder zusätzlichen Anforderungen an den Betrieb einer Mensch-Roboter-Kollaboration, weshalb sie diesbezüglich nicht näher betrachtet wird.[4]

---

[2] EG-Maschinenrichtlinie 2006/42/EG, Anhang I, Allgemeine Grundsätze, Nr. 2.

[3] Ebd.

[4] Vgl. Abschnitt 2.3.1 dieser Arbeit.

3.2 Konkretisierung der relevanten Anforderungen aus der EG-Maschinenrichtlinie

Der Anhang I der *EG-Maschinenrichtlinie* lässt sich in sechs Abschnitte untergliedern. Während Teil 1 für alle Arten von Maschinen gilt, sind die fünf weiteren Teile nur für bestimmte Maschinen und auf spezifische Gefährdungen anwendbar. Da für die Bearbeitung dieser Arbeit nur Teil 1 ausschlaggebend ist, werden nachfolgend nur die ausgewählten konkreten Anforderungen und Verpflichtungen, welche sich in Abhängigkeit von einem Mensch-Roboter-Koexistenz-System ergeben, aufgezeigt.[5]

Schutzmaßnahmen gegen Mechanische Gefährdungen
In Nr. 1.3.4. *Risiken durch Oberflächen, Kanten und Ecken* werden Anforderungen bezüglich zugänglicher Maschinenteile, worunter der Leichtbauroboter sowie seine zugehörigen Komponenten fallen, wie folgt definiert:

„Zugängliche Maschinenteile dürfen, soweit ihre Funktion es zulässt, keine scharfen Ecken und Kanten und keine rauen Oberflächen aufweisen, die zu Verletzungen führen können."[6]

Diese Anforderung ist bei Systemen der Mensch-Roboter-Koexistenz besonders zu betrachten, da es zwischen Roboter und Mensch, ob gewollt oder ungewollt, zu einem Kontakt kommen kann. Aufbauend auf die zuvor beschriebene Anforderung muss Nr. 1.3.7 *Risiken durch bewegliche Teile* erwähnt werden.

„Die beweglichen Teile der Maschine müssen so konstruiert und gebaut sein, dass Unfallrisiken durch Berührung dieser Teile verhindert sind; falls Risiken dennoch bestehen, müssen die beweglichen Teile mit trennenden oder nichttrennenden Schutzeinrichtungen ausgestattet sein."[7]

Demnach können die zwei aufgezählten Schutzeinrichtungen eingesetzt werden, um etwaige mechanische Gefährdungen, die nicht konstruktiv beseitigt werden können, durch technische Maßnahmen zu vermindern. Für die in dieser Arbeit ausgewählten Mensch-Roboter-Koexistenz-Systeme sind besonders die Anforderungen an bewegliche trennende und nichttrennende Schutzeinrichtungen relevant.

Der Anhang I der *EG-Maschinenrichtlinie* gibt hierzu unter Nr. 1.3.8.2 *Wahl der Schutzeinrichtung gegen Risiken durch bewegliche Teile* den Hinweis, anhand welcher Kriterien Schutzeinrichtungen auszuwählen sind.

---

[5] Vgl. EG-Maschinenrichtlinie 2006/42/EG, Anhang I, Allgemeine Grundsätze, Nr. 4.

[6] Ebd., Anhang I, Abschnitt 1.3.4.

[7] Ebd., Anhang I, Abschnitt 1.3.7.

„Zum Schutz von Personen gegen Gefährdungen durch bewegliche Teile, die am Arbeitsprozess beteiligt sind, sind zu verwenden:

- *... bewegliche trennende Schutzeinrichtungen mit Verriegelung ... oder*
- *nichttrennende Schutzeinrichtungen"*[8]

Des Weiteren werden in Absatz 2 Fälle spezifiziert, bei denen Zugang zum Gefahrenbereich nicht vollständig verhindert werden kann. In diesen Fällen wäre es demnach nicht möglich, nichttrennende Schutzeinrichtungen einzusetzen:

„Können jedoch bestimmte direkt am Arbeitsprozess beteiligte bewegliche Teile während ihres Betriebes aufgrund von Arbeiten, die das Eingreifen des Bedienungspersonals erfordern, nicht vollständig unzugänglich gemacht werden, so müssen diese Teile versehen sein mit

- *feststehenden trennenden Schutzeinrichtungen oder beweglichen trennenden Schutzeinrichtungen mit Verriegelung, die die für den Arbeitsgang nicht benutzten Teile unzugänglich machen, und*
- *verstellbaren trennenden Schutzeinrichtungen gemäß Nummer 1.4.2.3, die den Zugang zu den beweglichen Teilen auf die Abschnitte beschränken, zu denen ein Zugang erforderlich ist."*[9]

Orientiert man sich an den Vorgaben aus Nr. 1.3.8.2 Absatz 2 scheint es unmöglich, ein kollaborierendes Robotersystem nach *EG-Maschinenrichtlinie* zu konstruieren, da die Richtlinie fordert, bewegliche Teile, welche nicht vollständig unzugänglich gemacht werden können, mit trennenden Schutzeinrichtungen zu versehen.[10]

Diese Anforderung kommt jedoch nicht zum Tragen, da im Normalfall alle *am Arbeitsprozess beteiligten beweglichen Teile* des Robotersystems durch den Einsatz von beweglichen trennenden oder nichttrennenden Schutzeinrichtungen gestoppt sind.

Entscheidend ist allerdings Nr. 3 der *Allgemeinen Grundsätze* aus dem Anhang I der *EG-Maschinenrichtlinie*. Hier wird definiert, dass die grundlegenden Sicherheits- und Gesundheitsschutzanforderungen zwar bindend sind, aber falls die *„gesetzten Ziele aufgrund des Stands der Technik nicht erreicht werden können ...*

---

[8] EG-Maschinenrichtlinie 2006/42/EG, Anhang I, Abschnitt 1.3.8.2.

[9] Ebd.

[10] Vgl. ebd.

muss die Maschine so weit wie möglich auf diese Ziele hin konstruiert und gebaut werden. "[11]

Ohne den oberhalb aufgeführten Absatz aus den *Allgemeinen Grundsätzen* wäre die Umsetzung eines kollaborierenden Robotersystem nach dem Schutzprinzip der *Leistungs- und Kraftbegrenzung* nicht möglich. Der Kontakt zwischen Roboter und Mensch in Form von beweglichen Teilen der Maschine, ob gewollt oder ungewollt, darf dennoch nur in dem Maße stattfinden, in dem keine Gefährdung für den Menschen besteht.

Anforderungen an Schutzeinrichtungen

Konkrete Anforderungen an den Einsatz von den in der *EG-Maschinenrichtlinie* behandelten Schutzeinrichtungen sind unter Nr. 1.4 festgelegt:

„Trennende und nichttrennende Schutzeinrichtungen

- *... dürfen keine zusätzlichen Gefährdungen verursachen,*
- *dürfen nicht auf einfache Weise umgangen oder unwirksam gemacht werden können,*
- *müssen ausreichend Abstand zum Gefahrenbereich haben ...*

Ferner müssen trennende Schutzeinrichtungen nach Möglichkeit vor einem Herausschleudern oder Herabfallen von Werkstoffen und Gegenständen sowie vor den von der Maschine verursachten Emissionen schützen. "[12]

Nichttrennende Schutzeinrichtungen in Form von berührungslos wirkenden Schutzeinrichtungen können nicht ausreichend vor einem Herausschleudern oder Herabfallen von Werkstoffen und Gegenständen sowie von auftretenden Luftschallemissionen schützen. Bezüglich der *Risiken durch herabfallende oder herausgeschleuderte Gegenstände* definiert Anhang I Nr. 1.3.3 der *EG-Maschinenrichtlinie* Folgendes:

„Es sind Vorkehrungen zu treffen, um das Herabfallen oder das Herausschleudern von Gegenständen zu vermeiden, von denen ein Risiko ausgehen kann. "[13]

Für etwaige auftretende Risiken durch Emissionen, wie *Lärm,* müssen die Anforderungen aus Anhang I Nr. 1.5.8 der *EG-Maschinenrichtlinie* beachtet werden:

---

[11] EG-Maschinenrichtlinie 2006/42/EG, Anhang I, Allgemeine Grundsätze, Nr. 3.

[12] Ebd., Anhang I, Abschnitt 1.4.1.

[13] Ebd., Anhang I, Abschnitt 1.3.3.

„Die Maschine muss so konstruiert und gebaut sein, dass Risiken durch Luft-schallemission insbesondere an der Quelle so weit gemindert werden, wie es nach dem Stand des technischen Fortschritts und mit den zur Lärmminderung verfügbaren Mitteln möglich ist."[14]

Gehen diese Gefährdungen von einer Maschine aus, so müssen entsprechende Maßnahmen definiert und ein möglicher Einsatz von nichttrennenden Schutz-einrichtungen zur Absicherung von beweglichen Teilen der Maschine überprüft werden.

Unter Nr. 1.4.2.2 werden Anforderungen an bewegliche trennende Schutzein-richtung definiert:

„Besteht die Möglichkeit, dass das Bedienungspersonal den Gefahrenbereich erreicht, bevor die durch die gefährlichen Maschinenfunktionen verursachten Risi-ken nicht mehr bestehen, so müssen bewegliche trennende Schutzeinrichtungen zusätzlich zu der Verriegelungseinrichtung mit einer Zuhaltung ausgerüstet sein,

- *... die die Schutzeinrichtung in geschlossener und verriegelter Stellung hält, bis das Risiko von Verletzungen aufgrund gefährlicher Funktionen der Maschine nicht mehr besteht."*[15]

Die Anforderung beschreibt damit, dass eine bewegliche trennende Schutzeinrich-tung mit einer Zuhaltung[16] versehen sein muss, falls die gefahrbringende Bewegung vor einem Stopp noch erreicht werden kann. Jedoch wird explizit darauf verwiesen, dass dies nur so lange passieren muss, *„bis das Risiko einer Verletzung aufgrund der gefährlichen Funktion der Maschine nicht mehr besteht."*[17]

Ähnlich verhält es sich mit den Anforderungen an nichttrennende Schutz-einrichtungen. Sie haben ebenfalls den Zweck der Vermeidung eines Kontaktes zwischen dem Bedienpersonal und beweglichen Teilen der Maschine, solange diese noch in Bewegung sind. So ergänzt Nr. 1.4.3. die allgemeinen Anforderungen an Schutzeinrichtungen um Folgendes:

„Nichttrennende Schutzeinrichtungen müssen so konstruiert und in die Steue-rung der Maschine integriert sein, dass

- *die beweglichen Teile nicht in Gang gesetzt werden können, solange sie vom Bedienungspersonal erreicht werden können,*

---

[14] Vgl. EG-Maschinenrichtlinie 2006/42/EG, Anhang I, Abschnitt 1.5.8.

[15] Ebd., Anhang I, Abschnitt 1.4.2.2.

[16] Bauteil, das die bewegliche trennende Schutzeinrichtung (Tür) in gesicherter Stellung hält.

[17] Ebd., Anhang I, Abschnitt 1.4.2.2.

- *Personen die beweglichen Teile nicht erreichen können, solange diese Teile in Bewegung sind"* [18]

Nach der detaillierten Verdeutlichung der notwendigen Anforderungen der *EG-Maschinenrichtlinie* folgen im nachfolgenden Unterkapitel die Anforderungen der zugehörigen harmonisierten Normen, welche die aufgezeigten Anforderungen der *EG-Maschinenrichtlinie* konkretisieren.

3.3 Sicherheitstechnische Anforderungen aus den Normen

Nachfolgend werden die normativen Anforderungen, die mit dem Einsatz von trennenden und nichttrennenden Schutzeinrichtungen bei Anwendungen der Mensch-Roboter-Koexistenz einhergehen, aufgezeigt. Um Dopplungen zu vermeiden, wird auf vergleichbare Anforderungen aus der *EG-Maschinenrichtlinie* nicht mehr umfassend eingegangen und nur die Anforderungen aus den Normen und der Technischen Spezifikation hervorgehoben, die eine Konkretisierung oder Erweiterung darstellen.

EN ISO 10218-2 – Sicherheitsanforderungen an Robotersysteme und Integration
In Abschnitt 5.10.1 der *EN ISO 10218-2* [19] sind äquivalente Anforderungen an trennende und nichttrennende Schutzeinrichtungen zu finden. So sollte die gefahrbringende Bewegung nicht erreicht werden können oder der gefahrbringende Zustand vor Erreichen stillgesetzt sein. [20]

Entsprechend der Anforderungen an trennende und nicht trennende Schutzeinrichtungen wird in der *EN ISO 10218-2* auf die Anforderungen aus der *EN ISO 12100* verwiesen. [21] Hier werden Hinweise für die Auswahl und Entscheidungsfindung von verschiedensten Arten an Schutzeinrichtungen aufgezeigt.

In Abschnitt 5.10.3 werden die Anforderungen an Mindestsicherheitsabstände von trennenden und nichttrennenden Schutzeinrichtungen definiert:

---

[18] Vgl. EG-Maschinenrichtlinie 2006/42/EG, Anhang I, Abschnitt 1.4.3.
[19] Im weiteren Verlauf der Arbeit mit EN ISO 10218-2 bezeichnet.
[20] Vgl. DIN EN ISO 10218-2:2012-06, S. 14.
[21] Vgl. ebd.

„Alle Schutzeinrichtungen müssen ... in einem solchen Abstand platziert sein, dass die Gefährdung nicht erreicht werden kann, d. h. Personal kann nicht darüber, darunter, herum oder hindurch greifen. "[22]
Auch hier wird der Zusammenhang zwischen den Anforderungen aus der *EG-Maschinenrichtlinie* und der Norm deutlich sichtbar. Des Weiteren wird hier der Hinweis gegeben, dass eine Schutzeinrichtung in keinster Weise umgangen werden darf.

Weiter konkretisieren die nachfolgenden Kapitel der *EN ISO 10218-2* die Anforderungen der *EG-Maschinenrichtlinie* und verweisen bezüglich des Mindestabstands bei nichttrennenden Schutzeinrichtungen auf die zugehörige harmonisierte Norm:

„Der Mindestabstand für nichttrennende Schutzeinrichtungen mit Annäherungsfunktion (z. B. Verriegelungseinrichtungen, sensitive Schutzausrüstung, die einen Sicherheitshalt auslösen wenn sie betätigt werden), müssen nach den entsprechenden Anforderungen der ISO 13855 festgelegt werden. "[23]

Beim Einsatz von beweglichen trennenden Schutzeinrichtungen muss die Auslegung des Mindestabstands ebenfalls gemäß des Berechnungsschemas der *EN ISO 13855* erfolgen.[24] Des Weiteren gilt für bewegliche trennende Schutzeinrichtungen nach Abschnitt 5.10.4.4:

„Hat die Bedienperson die Möglichkeit, eine verriegelte bewegliche trennende Schutzeinrichtung zu öffnen und den Gefährdungsbereich zu erreichen bevor die Gefährdung in einen sicheren Zustand gebracht wurde, muss zusätzlich zur Steuerungsverriegelung eine Zuhaltung vorgesehen werden. "[25]

Diese Anforderung entspricht demnach dem im Anhang I der *EG-Maschinenrichtlinie* definierten Schutzziel. In diesem Zusammenhang wird jedoch erstmalig von einem sicheren Zustand gesprochen, welcher eingetreten sein muss, bevor eine gefahrbringende Bewegung erreicht werden darf. Dieser sichere Zustand wird unter Abschnitt 5.10.4.4. bezüglich eines entstehenden Verletzungsrisikos weiter konkretisiert. Definitionsgemäß darf eine gefahrbringende Bewegung so lange nicht erreicht werden, wie *„... das Verletzungsrisiko aufgrund der gefährdenden Maschinenfunktionen existiert.* "[26] Demnach darf eine gefahrbringende Maschinenfunktion also erreicht werden, wenn sichergestellt ist, dass dadurch kein Verletzungsrisiko besteht.

---

[22] DIN EN ISO 10218-2:2012-06, S. 35.
[23] Ebd., S. 35.
[24] Vgl. ebd., S. 37.
[25] Ebd.
[26] Ebd.

Da die *EG-Maschinenrichtlinie* bezüglich nichttrennenden Schutzeinrichtungen keine Anforderungen stellt, inwieweit eine gefahrbringende Maschinenfunktion vor Beendigung erreicht werden darf, wird in Abschnitt 5.10.5.2 der *EN ISO 10218-2* diesbezüglich folgender Hinweis gegeben:

„*Wenn eine sensitive Schutzeinrichtung zum Einleiten eines Sicherheitshalts angewendet wird, muss diese in ausreichendem Abstand zu jeder Gefährdung angeordnet sein, um sicherzustellen, dass die Gefährdung beseitigt ist oder auf andere Weise einen sicheren Zustand einnehmen kann, bevor eine sich nähernde Person die Gefährdung mit einem Körperteil erreichen kann.*"[27]

Die Industrieroboternorm konkretisiert damit die Anforderungen der *EG-Maschinenrichtlinie* und ermöglicht einen Kontakt mit dem gefahrbringenden Maschinenzustand, wenn dieser keine Gefährdung in Form eines Verletzungsrisikos für eine sich nähernde Person darstellt oder diese zuvor in einen sicheren Zustand übergehen konnte.

EN ISO 13855 – Mindestabstände für Schutzeinrichtungen mit Annäherungsfunktion

Im Anhang B der *EN ISO 13855* wird darauf hingewiesen, dass der Nachlauf einer gefahrbringenden Bewegung den entscheidenden Parameter bei der Auslegung des Mindestabstands einer Schutzeinrichtung darstellt. Die Zeitspanne der Nachlaufzeit wird durch den Zeitpunkt beeinflusst, ab dem eine gefahrbringende Bewegung so verändert ist, dass diese für den menschlichen Körper ungefährlich wird. Dies ist erreicht, sobald ein Kontakt zu keiner physischen Verletzung oder Beeinträchtigung der Gesundheit führt.[28] Es werden hierzu verschiedene Faktoren aufgezeigt, welche für die Bewertung des sicheren Zustands herangezogen werden können. Darunter fallen beispielsweise die auf den menschlichen Körper ausgeübte Kraft, mögliche betroffene Körperteile sowie die Geometrie der Kontaktflächen.[29]

DIN ISO/TS 15066

Die Technische Spezifikation liefert keine weitere konkrete Spezifizierung der Anforderungen an ein Mensch-Roboter-Koexistenz-System. Zur Vollständigkeit kann erwähnt werden, dass für das Schutzprinzip des sicherheitsbewerteten überwachten Halts, welches bei einer Roboter-Anwendung in Form einer Koexistenz bevorzugt eingesetzt wird, die Berechnung des Mindestabstands ebenfalls nach

---

[27] DIN EN ISO 10218-2:2012-06, S. 38.
[28] Vgl. DIN EN ISO 13855:2010-10, S. 38.
[29] Ebd.

EN ISO 13855 erfolgen muss.[30] Bezüglich der Anforderungen an technische Schutzmaßnahmen wird auf Abschnitt 5.10 der *EN ISO 10218-2* verwiesen.

Nach dieser groben Übersicht über die wesentlichen sicherheitstechnischen Anforderungen der relevanten harmonisierten Normen und der Technischen Spezifikation werden im nachfolgenden Kapitel normative Handlungsbedarfe identifiziert.

3.4   Identifizierung normativer Handlungsfelder

Die Anforderungen, unter welchen Bedingungen eine Mensch-Roboter-Kollaboration eingesetzt werden darf, sind durch die *EG-Maschinenrichtlinie* und die vorhandenen Normen und Standards zwar klar geregelt, bringen jedoch auch normative Herausforderungen mit sich. Die nicht ausreichende Differenzierung bezüglich des eingesetzten Roboters ist hierbei momentan die prägnanteste.

Das Schutzprinzip der *Leistungs- und Kraftbegrenzung* ermöglicht zwar eine differenzierte Betrachtung des eingesetzten Industrieroboters, jedoch ergeben sich durch die Einhaltung der definierten biomechanischen Grenzwerte teils erhebliche Einschränkungen bezüglich der möglichen Geschwindigkeit und demnach Auswirkungen auf die Produktivität der Applikation. Dies liegt vor allem an den definierten biomechanischen Grenzwerten der *ISO/TS 15066*, welche keine Verletzungen an sich, sondern nur einen Schmerzeintritt beschreiben. Außerdem wird davon ausgegangen, dass sich das Bedienpersonal dauerhaft im Arbeitsraum des Leichtbauroboters aufhält und es zu regelmäßigen Kontakten zwischen den beiden Arbeitssystemen kommt. Die definierten Grenzwerte sind deshalb eher konservativ ausgelegt.

Darüber hinaus werden Leichtbauroboter, wie in Abschnitt 2.2 aufgezeigt, hauptsächlich ohne direkten Kontakt, sondern vielmehr nahe dem Menschen, in Form von Koexistenz oder einer synchronisierten Kooperation eingesetzt.

Werden für diese Interaktionsformen nun technische Schutzmaßnahmen in Form von trennenden und nichttrennenden Schutzeinrichtungen definiert, müssen die aufgezeigten Anforderungen der *EG-Maschinenrichtlinie* sowie der zugehörigen harmonisierten Normen und Standards eingehalten werden. Hier findet bisher allerdings keine ausreichende differenzierte Betrachtung des tatsächlichen Gefährdungspotentials statt. So stellt ein Leichtbauroboter mit seinen deutlich geringeren Massen, im Vergleich zu einem konventionellen Industrieroboter ein erheblich

---

[30] Vgl. DIN ISO/TS 15066:2017-04, S. 14.

geringeres Gefährdungspotential dar.[31] Bei der Auslegung in Form von Mindestabständen nach *EN ISO 13855* geht deshalb der große Vorteil der Leichtbauroboter
aufgrund von überdimensionierten Abständen verloren. Die Vision einer nahen
Automatisierung am Menschen wird somit unnötigerweise verhindert.[32]

Des Weiteren resultieren aus dem Einsatz eines Leichtbauroboters zumeist
keine schweren, irreversiblen Verletzungen, da ein Kontakt zwischen Roboter und
Mensch vorwiegend als Stoß im freien Raum[33] und weniger als Klemmung[34]
stattfindet.

Zudem kann aufgeführt werden, dass die Bewegung eines Leichtbauroboters
bei einem Eingriff in den Arbeitsbereich durch die vorhandene Schutzeinrichtung
erkannt und ein Stopp dieser veranlasst wird. Damit ergibt sich eine geringere
Restenergie innerhalb der Bewegung, was die Schwere einer möglichen Verletzung und die Möglichkeit der Vermeidung des Schadens positiv beeinflusst.
Eine Vorgehensweise, um den sicheren Zustand zu spezifizieren, der laut der
EN ISO 10218-2 und der *EN ISO 13855* erreicht sein muss, bevor ein Kontakt mit
der gefahrbringenden Bewegung eintreten darf, besteht allerdings bisher nicht.

Wie bereits erwähnt ergeben sich im Normalbetrieb dieser Interaktionsformen deutlich geringere bis keine Eingriffe. Die notwendigen Eingriffe finden
vorzugsweise zur Entstörung der Roboter-Anwendung statt, bei denen der
Leichtbauroboter auf Grund eines Fehlers bereits gestoppt ist und somit kein
Gefährdungspotential für das Bedienpersonal hervorgeht.

Werden bewegliche trennende Schutzeinrichtungen eingesetzt, darf die Annäherungsgeschwindigkeit zwar herabgesetzt werden, was zu einer gewissen
Reduzierung des Mindestabstands führt. Es findet jedoch innerhalb der harmonisierten Norm keine Unterscheidung bezüglich der Öffnungsrichtung statt.
Diese Problematik bezieht sich dabei nicht nur auf Anwendungen der Mensch-
Roboter-Kollaboration, sondern gilt für alle Arten von Maschinen, die bewegliche
trennende Schutzeinrichtungen besitzen. Die Öffnungsrichtung hat jedoch einen
erheblichen Einfluss auf die Erreichbarkeit der gefahrbringenden Bewegung. Vor
allem vor dem Hintergrund des sicheren Zustands in der *EN ISO 10218-2* und
EN ISO 13855, bei dem eine Bewegung noch nicht beendet sein muss, bevor
diese gefahrlos erreicht werden darf. Zudem unterbindet der Einsatz von beweglichen trennenden Schutzeinrichtungen grundsätzlich einen reflexartigen Eingriff
in den Gefahrenbereich.

---

[31] Vgl. *Steil, Maier,* 2020, S. 326.

[32] Vgl. *Naumann et. al.,* 2014, S. 512.

[33] Transienter Kontakt.

[34] Quasistatischer Kontakt.

Da die aufgezeigten Argumente jedoch keine Betrachtung innerhalb des Normenwerks finden, ergeben sich die beiden normativen Handlungsbedarfe aus der nicht differenzierten Betrachtung des Roboters beim Einsatz von technischen Schutzmaßnahmen und dem Einfluss der Öffnungsrichtung einer beweglichen trennenden Schutzeinrichtung. Diese sollen nun im nachfolgenden Kapitel genutzt werden, um Ansätze für eine erweiterte Bewertungsmethodik aufzuzeigen.

Hierüber soll die Absicherung von Leichtbauroboter-Anwendungen, welche mittels trennender und nichttrennender Schutzeinrichtungen realisiert ist, eine differenzierte Betrachtung ermöglichen, um den Sicherheitsabstand zu reduzieren. Ein ausreichendes Sicherheitsniveau für das Bedienpersonal muss dabei weiterhin an erster Stelle stehen.

3.5   Zusammenfassung

Durch die systematische Analyse der *EG-Maschinenrichtlinie* und der zugehörigen harmonisierten Normen konnten die Anforderungen, die mit dem Einsatz eines Mensch-Roboter-Koexistenz-Systems einhergehen, bezüglich der formulierten Zielstellung aufgezeigt werden. Es zeigt sich, dass die *EG-Maschinenrichtlinie* bezüglich der Mensch-Roboter-Kollaboration im Allgemeinen keine spezifischen Anforderungen enthält, was darauf zurückzuführen ist, dass diese für alle Arten von Maschinen gilt. Einzig die im Anhang I der *EG-Maschinenrichtlinie* unter Nr. 1.3.4. und Nr. 1.3.7. definierten Anforderungen bezüglich *mechanischer* Gefährdungen können in diesem Zusammenhang aufgeführt werden.

So wird gefordert, dass zugängliche Maschinenteile keine scharfen Ecken oder Kanten sowie keine rauen Oberflächen aufweisen, aus denen eine Verletzung resultieren könnte. Außerdem müssen zum Schutz des Bedienpersonals vor beweglichen Teilen der Maschine trennende und nichttrennende Schutzeinrichtungen eingesetzt werden.[35]

Die Anforderungen an die beiden Arten von Schutzeinrichtungen gestalten sich identisch, da bei beiden das Hauptziel in der Vermeidung eines Kontaktes zwischen Bedienperson und beweglichen Teilen der Maschine liegt. Lediglich bei den Anforderungen zu den beweglichen trennenden Schutzeinrichtungen wird beschrieben, dass ein Kontakt möglich ist, wenn das Risiko einer Verletzung durch diese gefahrbringende Bewegung nicht mehr besteht.

---

[35] Vgl. EG-Maschinenrichtlinie 2006/42/EG, Anhang I, Abschnitt 1.3.4.

Die harmonisierten Normen *EN ISO 10218-2* und *EN ISO 13855* konkretisieren die Anforderungen seitens der *EG-Maschinenrichtlinie* zusätzlich und erlauben auch für nicht trennende Schutzeinrichtungen unter bestimmten Umständen einen Kontakt vor Beendigung der gefahrbringenden Maschinenfunktion, wenn diese in einen sicheren Zustand übergeht.

So werden hierzu im Anhang B der *EN ISO 13855* Faktoren aufgezeigt, welche bei der Beurteilung dieses Zustands unterstützen können. Für die Bewertung dieses sicheren Zustands und die resultierende Auswirkung auf den menschlichen Körper, existiert nach heutigem Stand keine Norm.[36]

---

[36] Vgl. DIN EN ISO 13855:2010-10, S. 38.

Identifikation möglicher Ansatzpunkte für eine erweiterte Methodik

4

In diesem Kapitel werden mögliche Ansatzpunkte herausgearbeitet, um für die zuvor aufgezeigten normativen Handlungsfelder eine erweiterte Bewertungsmethodik entwickeln zu können. Mit Hilfe dieser soll es möglich sein, eine Argumentationskette aufzubauen, die den Sicherheitsabstand unter Beachtung der vorhandenen Einflussgrößen sinnvoll bewertet und eine mögliche Reduzierung aufzeigt. Am Ende des Kapitels finden sich zudem offene Fragestellungen, welche über einen quantitativen Versuchsaufbau bearbeitet werden.

4.1 Übersicht und Vorgehen

Über die detaillierte Betrachtung und Bewertung der identifizierten gefahrbringenden Bewegungen eines Robotersystems soll die Berechnung für den Sicherheitsabstand angepasst werden. Es erfolgt eine erweiterte Bewertung innerhalb der Risikobeurteilung bei der Auslegung von technischen Schutzeinrichtungen. Die erweiterte Methodik soll zunächst nur für bewegliche und für nichttrennende Schutzeinrichtungen angewendet werden, wobei eine Anwendung zukünftig auch für andere Schutzeinrichtungen denkbar ist.

Der grundlegende Ansatz der erweiterten Bewertungsmethodik beruht dabei auf dem in der *EN ISO 10218* und *EN ISO 13855* aufgezeigten sicheren Zustand einer gefahrbringenden Bewegung, der eine physische Verletzung oder Beeinträchtigung der Gesundheit ausschließt.[1] Für die Bewertung dieses Zustands sollen die biomechanischen Grenzwerte aus der *ISO/TS 15066* herangezogen werden. Kommt es nach Auslösung einer technischen Schutzeinrichtung zu einem Kontakt, während sich die Roboterbewegung bereits in der Bremsphase befindet,

---

[1] Vgl. DIN EN ISO 13855:2010–10, S. 7.

© Der/die Autor(en), exklusiv lizenziert an Springer Fachmedien Wiesbaden GmbH, ein Teil von Springer Nature 2024
D. Pusch, *Risikobeurteilung von Mensch-Roboter-Koexistenz-Systemen*,
BestMasters, https://doi.org/10.1007/978-3-658-43934-7_4

so kann man bei einem Wert innerhalb der Grenzwerte davon ausgehen, dass keine physischen Verletzungen auftreten.

Zusätzlich muss an dieser Stelle ein möglicher Kontakt nach den zwei definierten Kontaktarten der *ISO/TS 15066* unterschieden werden. Wenn es bei einem langen Nachlaufverhalten auf Grund der Verfahrbewegung zu keinem quasistatischen, sondern nur zu einem transienten Kontakt kommt, muss überprüft werden, ob physische Verletzungen entstehen können oder das Körperteil durch die Roboter-Anwendung nur weggedrückt wird.

Bei der Bewertung einer möglichen Verletzung müssen deshalb auch die geometrischen Faktoren einer konkreten Anwendung, wie beispielsweise die konstruktive Gestaltung des Endeffektors oder die geometrische Form des handzuhabenden Werkstücks, betrachtet werden. Des Weiteren ist eine Unterscheidung anhand der Eintrittswahrscheinlichkeit erforderlich. Bei der Interaktionsform der Koexistenz bestehen aufgrund der getrennten Arbeitsräume nahezu keine Eingriffe in den laufenden Betrieb, weshalb ein physischer Kontakt zwischen Roboter und Mensch beinahe ausgeschlossen ist.

Weiter muss darauf hingewiesen werden, dass durch Abweichungen von den harmonisierten Normen Einfluss auf die Konformitätsbewertung der Roboter-Anwendung genommen wird. Harmonisierte Normen haben den Vorteil, dass durch ihre Anwendung die Erfüllung der grundlegenden Sicherheits- und Gesundheitsschutzanforderungen aus dem Anhang I der *EG-Maschinenrichtlinie* nachgewiesen werden kann. Hierdurch wird auch die bereits beschriebene *Vermutungswirkung* ausgelöst. Wird jedoch von den sicherheitstechnischen Anforderungen der harmonisierten Normen abgewichen, muss der Hersteller selbst dafür sorgen, dass ein gleichwertiger Sicherheitslevel des Gesamtsystems besteht.[2]

Die erweiterte Methodik soll deshalb nicht nur bei der Bewertung des sicheren Zustands einer Roboter-Anwendung in Form einer Koexistenz unterstützen und zur möglichen Reduzierung des normativen Sicherheitsabstands beitragen, sondern darüber hinaus auch die notwendige Nachweispflicht gewährleisten. Durch die definierte Vorgehensweise wird die Grundlage für die Argumentation der Abweichung gelegt und auch Dritte haben die Möglichkeit, diese nachzuvollziehen.

---

[2] Vgl. VDMA, 2016, S. 3.

4.2 Ansätze für eine erweiterte Bewertungsmethodik

In einem ersten Schritt werden relevante Einflussgrößen für die gefahrbringende Bewegung eines Robotersystems aufgezeigt. Anschließend werden diese in eine sinnvolle Reihenfolge gebracht, sodass es möglich ist, den grundlegenden Ansatz für die erweiterte Bewertungsmethodik sowie die notwendige Argumentationskette bezüglich der Nachweispflicht aufzubauen.

4.2.1 Identifizierung relevanter Einflussgrößen einer Roboterbewegung

Zur Identifizierung der Einflussgrößen, die eine Auswirkung auf eine gefahrbringende Roboterbewegung besitzen, wurden die im Anhang B der *EN ISO 13855* aufgezeigten Faktoren zur Bewertung eines sicheren Zustands analysiert und sich am beschriebenen Vorgehen aus Abschnitt 4.1 orientiert. Zudem wurden die Hinweise der *ISO/TS 15066* zur Identifizierung von Gefährdungen bei kollaborierenden Robotern herangezogen. Die Risikoelemente und deren Unterelemente, die über die Durchführung der Risikobeurteilung nach *EN ISO 12100* betrachtet werden müssen, finden sich ebenfalls bei den relevanten Einflussgrößen wieder. In Abbildung 4.1 ist eine Auswahl relevanter Einflussgrößen mittels eines Ursache-Wirkungs-Diagramms dargestellt.

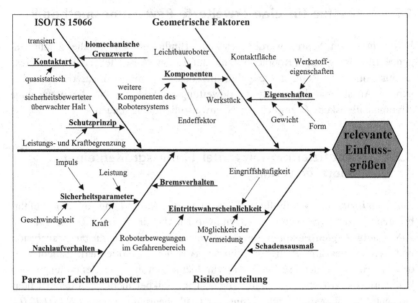

Abbildung 4.1 Ishikawa-Diagramm – Identifizierung relevanter Einflussgrößen. (Quelle: Eigene Darstellung)

4.2.2 Erweiterter Ansatz zur Reduzierung des Mindestabstands gemäß EN ISO 13855

Die zuvor aufgezeigten Einflussgrößen sollen für die Beurteilung der gefahrbringenden Bewegungen eines Robotersystems genutzt werden, um den normativen Sicherheitsabstand zu reduzieren. In Abbildung 4.2 ist der reguläre Prozess dem erweiterten Ansatz mit einem Teil der aufgezeigten Einflussgrößen gegenübergestellt und in eine sinnvolle zeitliche Reihenfolge gebracht.

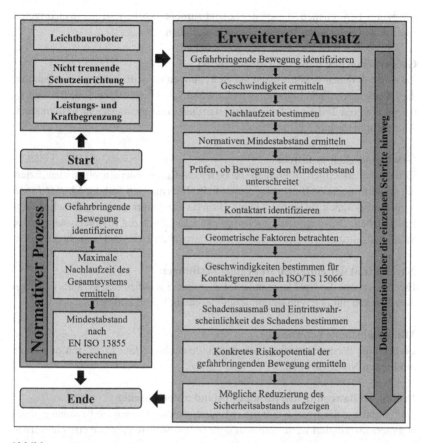

Abbildung 4.2 Ansatz der erweiterten Methodik vs. regulärer vereinfachter Prozess. (Quelle: Eigene Darstellung)

Im Folgenden werden die einzelnen auszuführenden Schritte aus Abbildung 4.2 innerhalb des erweiterten Ansatzes zur Reduzierung des Mindestabstands spezifiziert.

Leichtbauroboter, nichttrennende Schutzeinrichtungen und Leistungs- und Kraftbegrenzung

Der Leichtbauroboter wird, zusätzlich zum Einsatz einer nichttrennenden Schutzeinrichtung, leistungs- und kraftbegrenzt eingesetzt. Diese Begrenzung und die geringeren beweglichen Massen des Leichtbauroboters führen zu einem niedrigeren potentiellen Schadensausmaß bei einem möglichen Kontakt.[3]

Gefahrbringende Bewegung identifizieren
Zu den möglichen gefahrbringenden Bewegungen eines Robotersystems gehören die Bewegungen direkt hinter einer technischen Schutzmaßnahme. Eine Bewegung, die im hinteren Teil einer Anwendung stattfindet und nicht erreicht werden kann, wird nicht betrachtet.

Geschwindigkeit ermitteln
Es wird die tatsächlich *programmierte Geschwindigkeit* jeder einzelnen identifizierten gefahrbringenden Bewegung ermittelt. Im informativen Teil der *EN ISO 13855* wird diesbezüglich im Anhang D ein Hinweis zur programmierten Geschwindigkeit gegeben. Die maximale Geschwindigkeit, die durch das Robotersystem in den Sicherheitseinstellungen vorgegeben wird, muss nicht zwingend betrachtet werden.

Nachlaufzeit der einzelnen Bewegung bestimmen
Hierbei werden die Nachlaufzeiten der einzelnen identifizierten gefahrbringenden Bewegungen mit deren programmierter Geschwindigkeit ermittelt.

Mindestabstände berechnen
Berechnung der normativen Mindestabstände nach *EN ISO 13855* mit den zuvor ermittelten Nachlaufzeiten.

Prüfen, ob Bewegung den Mindestabstand unterschreitet
Auf Grundlage der zuvor ermittelten Mindestabstände können die Bewegungen des Roboters identifiziert werden, die vor dem Stopp durch Körperteile erreicht werden können.

Mögliche Kontaktart identifizieren
Bestimmung der Kontaktarten in Abhängigkeit der Erreichbarkeit des Leichtbauroboters und seiner zugehörigen Komponenten vor einem endgültigen Stopp der Verfahrbewegung durch ein Körperteil.

Geometrische Faktoren der Anwendung betrachten
Die geometrischen Faktoren eines Robotersystems haben Einfluss auf eine mögliche Verletzung, weshalb diese betrachtet und eingeschätzt werden müssen. Dabei

---

[3] Vgl. *Steil, Maier,* 2020, S. 326.

sind sowohl der Leichtbauroboter als auch der Endeffektor, das handzuhabende Werkstück sowie weitere zur Anwendung gehörende Komponenten zu bewerten.

Kontakt nach den biomechanischen Grenzwerten aus ISO/TS 15066
Mit Hilfe der biomechanischen Grenzwerte werden Geschwindigkeiten bestimmt, die bei einem möglichen Kontakt zwischen Roboter und Mensch als sicher verifiziert werden können. Liegen die erfassten Kraftwerte unterhalb der in der *ISO/TS 15066* definierten Grenzwerte, werden diese als unbedenklich eingestuft. Es ist deshalb mit keiner physischen Verletzung zu rechnen.

Eingriffshäufigkeit und -dauer ermitteln
Im Vergleich zu einer tatsächlichen Kollaboration besteht bei einer Roboter-Anwendung in Koexistenz eine deutlich geringere Eingriffshäufigkeit und auch ein Eingriff zu einem ungünstigen Zeitpunkt ist unwahrscheinlicher. Des Weiteren beziehen sich Eingriffe meist auf Entstörungsarbeiten, weshalb im Normalfall die Anwendung bereits gestoppt hat.

Häufigkeit und Dauer der gefahrbringenden Bewegung ermitteln
Hierbei geht es darum, herauszufinden, wie häufig die identifizierte gefahrbringende Bewegung ausgeführt wird, um die Eintrittswahrscheinlichkeit bestimmen zu können. Darüber hinaus stellen die Dauer der gefahrbringenden Bewegungen und die Möglichkeit der Vermeidung eines Kontaktes einen weiteren Einflussfaktor für mögliche Gefährdungen dar.

Bewertung des Risikos über Schadensausmaß und Eintrittswahrscheinlichkeit
Abschließend soll mit Hilfe der zuvor erfassten Daten und Informationen das tatsächliche Risikopotential der gefahrbringenden Bewegungen bewertet und der Sicherheitsabstand, wenn möglich, reduziert werden.

Dokumentation
Der geforderten Nachweispflicht soll wegen der nicht vollumfänglichen Anwendung der harmonisierten Normen über die Dokumentation der einzelnen zuvor beschriebenen Schritte nachgekommen werden.

4.2.3   Ansatz für bewegliche trennende Schutzeinrichtungen

Der Ansatz für die beweglichen trennenden Schutzeinrichtungen hat ebenfalls eine Reduzierung des Mindestabstands zum Ziel. Dies soll über die Betrachtung der tatsächlichen Öffnungsdauer bei der Berechnung des notwendigen Mindestabstands erfolgen.

Werden zum Schutz vor beweglichen Teilen einer Maschine bewegliche trennende Schutzeinrichtungen eingesetzt, so darf die Annäherungsgeschwindigkeit für das Berechnungsschema *EN ISO 13855* auf 1.600 mm/s reduziert werden, wodurch sich ein geringerer Mindestabstand im Vergleich zu nichttrennenden Schutzeinrichtungen ergibt. Derzeit wird in diesem Zusammenhang allerdings nur eine Unterscheidung der beiden Schutzeinrichtungen vollzogen. Mögliche Einsparungspotentiale durch die Betrachtung der Öffnungsrichtung werden nicht betrachtet.

Bei diesem Ansatz muss beachtet werden, dass der nachfolgende Eingriff in den Gefahrenbereich wiederum mit einer Annäherungsgeschwindigkeit von 2.000 mm/s berechnet werden muss, wenn die tatsächliche Öffnungsdauer der Schutzeinrichtung von der Nachlaufzeit des Gesamtsystems abgezogen wird. Die konkreten Werte für die Öffnung einer beweglichen trennenden Schutzeinrichtung werden in Kapitel 5 beim Versuchsaufbau untersucht. Zusätzlich kann der Ansatz aus Abschnitt 4.2.1 auch bei den beweglichen trennenden Schutzeinrichtungen angewendet werden, um den Sicherheitsabstand weiter zu reduzieren.

4.2.4   Offene Themen

Nachfolgend werden offene Themen und Fragestellungen aufgezeigt, welche über die Definition der zwei verschiedenen Ansätze entstanden sind und für die weitere Bearbeitung dieser Arbeit benötigt werden. Diese sollen im nachfolgenden Kapitel mit Hilfe eines Versuchsaufbaus beantwortet werden.

- Wie stark ist die Auswirkung der aufgezeigten Einflussfaktoren auf die gefahrbringende Verfahrbewegung?
- Welche weiteren Einflussfaktoren für das Nachlaufverhalten eines Robotersystems müssen innerhalb der erweiterten Bewertungsmethodik betrachtet werden?
- Welche Auswirkung hat die eingestellte, programmierte Geschwindigkeit auf die Nachlaufzeit und den Nachlaufweg einer Verfahrbewegung?

- Wie verhält sich ein Leichtbauroboter im Allgemeinen, wenn dieser definiert durch eine Schutzeinrichtung gestoppt wird?
- Ab welcher Geschwindigkeit einer Verfahrbewegung ist die vorhandene Restenergie so gering, dass eine Argumentation über die biomechanischen Grenzwerte der *ISO/TS 15066* möglich wird?
- Welche Zeit kann wegen des Öffnens einer beweglichen trennenden Schutzeinrichtung von der Gesamtnachlaufzeit abgezogen werden?

4.3 Zusammenfassung

Durch den erweiterten Ansatz zur Reduzierung des Mindestabstands nach *EN ISO 13855* ist ersichtlich, dass der reguläre Prozess zur Auslegung deutlich weniger Einflussgrößen betrachtet. Dies liegt unter anderem daran, dass es sich hierbei um eine Typ-B-Norm handelt, welche für eine Vielzahl an Maschinen gilt. Darüber hinaus erfolgt keine Unterscheidung bezüglich des tatsächlichen Risikopotentials der Applikation, sobald bewegliche oder nichttrennende Schutzeinrichtungen als risikomindernde Maßnahmen definiert werden.

Der vorgestellte Ansatz für eine erweiterte Bewertungsmethodik bezieht sich hingegen auf konkrete Roboter-Anwendungen in Form einer Koexistenz, wodurch die Betrachtung deutlich detaillierter ist. Durch die umfassende Analyse einzelner gefahrbringender Roboterbewegungen ist es dabei möglich, diese bezüglich ihres vorhandenen Risikopotentials in Form von Schadensausmaß und Eintrittswahrscheinlichkeit zu bewerten und den normativen Sicherheitsabstand zu reduzieren.

Versuchsaufbau zur experimentellen Validierung der Ansätze

5

In diesem Kapitel sollen der durchgeführte Versuchsaufbau detailliert beschrieben und die erfassten Erkenntnisse diskutiert werden. Dabei lässt sich der Aufbau grob in zwei verschiedene Szenarien einteilen, die sich aus den beiden identifizierten, normativen Handlungsfeldern ergeben.

Ziel des Versuchsaufbaus ist es, die konkrete Verfahrbewegung einer Roboter-Anwendung bezüglich ihres *sicheren Zustandes*[1] bewerten zu können. Hierzu werden unter anderem die biomechanischen Grenzwerte nach *ISO/TS 15066* und die aufgezeigten Anforderungen aus der *EG-Maschinenrichtlinie*, der *EN ISO 10218–2* und die der *EN ISO 13855* herangezogen.

Mit dem Versuchsaufbau wird also der Beantwortung der Forschungsfrage bezüglich einer möglichen Reduzierung des Sicherheitsabstands beim Einsatz von nicht trennenden sowie bei beweglichen trennenden Schutzeinrichtungen nachgegangen.

5.1 Eingesetzte Hardware

In diesem Kapitel wird der grundlegende mechanische Aufbau der durchgeführten Versuchsreihe veranschaulicht. So wird zunächst der mechanische Grundaufbau dargestellt, darüber hinaus der eingesetzte Leichtbauroboter beschrieben und auf dessen relevante Eigenschaften eingegangen. Abschließend wird die notwendige Messtechnik für die zwei Versuchsszenarien aufgezeigt.

---

[1] Bei dem mit keiner physischen Verletzung zu rechnen ist.

Ergänzende Information Die elektronische Version dieses Kapitels enthält Zusatzmaterial, auf das über folgenden Link zugegriffen werden kann https://doi.org/10.1007/978-3-658-43934-7_5.

D. Pusch, *Risikobeurteilung von Mensch-Roboter-Koexistenz-Systemen*, BestMasters, https://doi.org/10.1007/978-3-658-43934-7_5

5.1.1 Mechanischer Grundaufbau

Der mechanische Grundaufbau ist so konstruiert und aufgebaut, dass eine Vielzahl an Messszenarien abgebildet werden können und besteht größtenteils aus Aluminium-Profilen, welche durch Einsatz von verschiedensten Verbindungstechniken beliebige Kombinationen ermöglichen. Des Weiteren bietet die vorhandene Montageplatte, auf die der Leichtbauroboter montiert ist, die Möglichkeit weitere Komponenten zu montieren und somit die Variabilität innerhalb des Aufbaus zu erweitern.

Um den Versuchsaufbau für die beweglichen trennenden Schutzeinrichtungen so realitätsnah wie möglich nachzubilden, wird der grundlegende mechanische Versuchsaufbau um eben diese Schutzeinrichtungen auf der Vorderseite erweitert. In Abbildung 5.1 ist der mechanische Versuchsaufbau auf der linken Seite und der Aufbau für Szenario II auf der rechten Seite dargestellt.

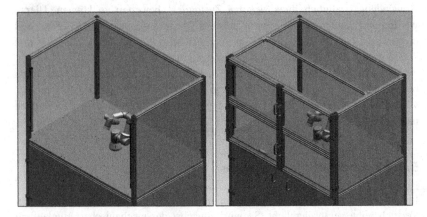

Abbildung 5.1 Mechanischer Versuchsaufbau. (Quelle: Eigene Darstellung)

5.1.2 Leichtbauroboter – Universal Robots UR3e

Für den Versuchsaufbau wird ein Leichtbauroboter der Firma Universal Robots[2] eingesetzt. Das aktuelle Portfolio von UR unterscheidet derzeit vier verschiedene

---

[2] Im Folgenden mit UR abgekürzt.

Varianten, welche sich über den Arbeitsraum und die Nutzlast differenzieren lassen. Die Ziffer in der Bezeichnung steht dabei für die maximal mögliche Nutzlast des Leichtbauroboters. Die erste Generation an Leichtbaurobotern, die seit 2008 auf dem Markt und unter dem Namen *CB-Series* bekannt ist, wird seit Ende 2018 sukzessive durch die neue Generation mit der Bezeichnung *e-Series* ersetzt. Vor allem im Bereich der Bedienbarkeit bietet die *e-Series* erhebliche Vorteile zur alten Generation.

Des Weiteren sind zusätzliche Funktionen implementiert, welche sich auch im Bereich der Sicherheit finden und im weiteren Verlauf des Kapitels vorgestellt werden.[3] In Abbildung 5.2 sind die aktuellen vier Varianten der e-*Series* dargestellt und der für diese Versuchsreihe eingesetzte Leichtbauroboter hervorgehoben. Ein Robotersystem von UR besteht im groben aus drei Komponenten, dem Roboterarm, der Robotersteuerung (Controller-Box) und dem Bedienpanel (Programmierhandgerät).

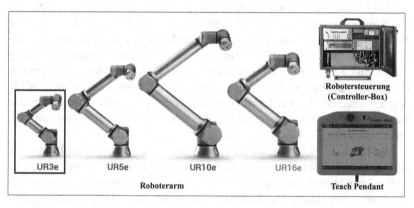

Abbildung 5.2 Eingesetzter Leichtbauroboter, weitere Bauformen und Komponenten der Robotersysteme von UR. (Quelle: Eigene Darstellung, Bildquelle: *Universal Robots GmbH)*

Der eingesetzte *UR3e* stellt die kleinste Bauform dar, ist jedoch für die grundlegenden zu betrachtenden Aspekte ausreichend dimensioniert. Alle Erkenntnisse, die mit dieser kleinsten Bauform erzielt werden, dienen der Entwicklung der erweiterten Methodik. Diese wird in Kapitel 7 mit einer realen Roboter-Anwendung mit anderer kinematischer Bauform validiert und gegebenenfalls

---

[3] Vgl. *Wald,* STiMA, 2018, o. S.

ergänzt. Hierüber kann demnach auch die Vergleichbarkeit der Messergebnisse bezüglich des Verhaltens zwischen den kinematischen Bauformen evaluiert werden.

Um die Anforderungen aus der *ISO/TS 15066* bezüglich der *Leistungs- und Kraftbegrenzung* erfüllen zu können, benötigt ein Leichtbauroboter eine inhärente Sicherheit, welche entweder durch eine angepasste Konstruktion oder Steuerung umgesetzt werden kann.[4] Wie viele andere Hersteller setzt UR hier auf eine Kombination aus Konstruktion und Steuerung. Aus diesem Grund ist das komplette Chassis der Roboterarme von UR frei von Kanten und außenliegenden Verkabelungen gestaltet und besteht aus Aluminium und Kunststoff, um die beweglichen Massen weiter zu reduzieren. Des Weiteren besitzen die Leichtbauroboter von UR verschiedene inhärente Sicherheitsfunktionen, mit deren Hilfe es möglich ist, die auftretenden Kräfte bei einer Kollision zwischen Roboter und Mensch zu reduzieren.

Diese können Abbildung 5.3 entnommen werden. Erst durch die Begrenzungen wird es möglich, Roboter-Anwendungen in Form einer tatsächlichen Kooperation umzusetzen und den Anforderungen des Schutzprinzips der *Leistungs- und Kraftbegrenzung* nach den definierten biomechanischen Grenzwerten aus *ISO/TS 15066* zu entsprechen. Die Parameter Leistung, Impuls, Werkzeuggeschwindigkeit und Kraft am TCP werden bei beiden Serien zur Verfügung gestellt. Die Parameter Stopzeit, Stopweg, Ellbogengeschwindigkeit und Kraft am Ellbogen werden bei den Leichtbaurobotern der *e-Series* ergänzt. Die dargestellten Sicherheitsparameter können dabei für zwei verschiedene Betriebsarten (normaler / reduzierter Modus) angegeben werden.

Das mögliche Schadensausmaß einer Roboter-Anwendung beziehungsweise einer konkreten gefahrbringenden Verfahrbewegung kann durch Begrenzung der vorhandenen Sicherheitsparameter reduziert werden. Bei Überschreitung eines der definierten, vorgegebenen Grenzwerte wird ein sofortiger Stopp am Robotersystem eingeleitet. Die sicherheitsgerichtete Abschaltung bei den Leichtbaurobotern von UR erfolgt dabei über die Erfassung der Motorströme der einzelnen Achsen.[5] Des Weiteren versucht die Robotersteuerung, Verstöße[6] zu vermeiden, indem die Geschwindigkeit verringert wird.

Demnach geht von einer Roboter-Anwendung, bei der die Sicherheitsparameter reduziert sind, ein erheblich geringeres Schadenspotential aus als von

---

[4] Vgl. *Blankenmeyer, et. al.,* 2019, S. 50.

[5] Vgl. ebd., S. 56.

[6] Verstöße in Form einer Überschreitung der Grenzwerte, was zu einem Stopp des Robotersystem führen würde.

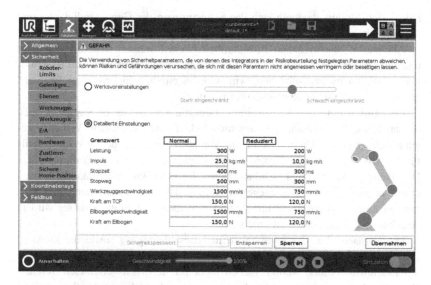

Abbildung 5.3 Einstellbare Sicherheitsparameter Robotersystem UR. (Quelle: In Anlehnung an Universal Robots, 2018, S. II-16)

einem Roboter, bei dem keine Begrenzung der Parameter erfolgt ist. Der Einfluss der verschiedenen Sicherheitsparameter auf eine Roboterbewegung wird in Abschnitt 5.2.2 analysiert und aufgezeigt.

Zusätzlich zu den Sicherheitsparametern existieren noch weitere Sicherheitsfunktionen, wie beispielsweise eine sichere Arbeitsraumbegrenzung[7].Mit dieser ist es möglich, den Leichtbauroboter virtuell zu begrenzen. Falls eine Verfahrbewegung des Endeffektors oder eine Ellbogenbewegung über diese Begrenzung hinaus, beispielsweise in einem Fehlerfall der Robotersteuerung trotzdem eintritt, wird ein sofortiger Stopp ausgelöst.

Außerdem kann eine virtuelle Sicherheitsebene verwendet werden, um den *reduzierten Modus* am Leichtbauroboter auszulösen und die Sicherheitsparameter in einem definierten Bereich der Anwendung weiter zu reduzieren. Dadurch verringert sich das Schadensausmaß und das Risikopotential der Roboter-Anwendung. Auch externe Sicherheitstechnik[8] ermöglicht die Auslösung des

---

[7] Virtuelle Sicherheitsebene.

[8] Bewegliche trennende und nichttrennende Schutzeinrichtungen.

reduzierten Modus, wodurch sich das Schutzprinzip der Geschwindigkeits- und Abstandsüberwachung realisieren lässt.

Alle zuvor beschriebenen Einstellmöglichkeiten werden sicherheitsgerichtet innerhalb der Robotersteuerung des Leichtbauroboters verarbeitet. Um Änderungen an diesen nachzuvollziehen, wird eine vierstellige Sicherheitsprüfsumme[9] generiert, welche sich entsprechend erneuert.

Da beim Ansatz für die erweiterte Bewertungsmethodik in Kapitel 4 auch die tatsächlich programmierte Geschwindigkeit einer einzelnen Verfahrbewegung betrachtet werden soll, sind die Vorgaben innerhalb des Verfahr-Befehls für Geschwindigkeit und Beschleunigung ebenfalls relevante Einflussgrößen. Des Weiteren kann dem Leichtbauroboter die Bremskurvencharakteristik nach einem ausgelösten Stopp vorgegeben werden. Hier kann zwischen einer *harten* und *weichen* Bremskurve unterschieden werden. Der Einfluss dieser wird in Abschnitt 5.2.2 experimentell untersucht.

Die Vorgaben für Geschwindigkeit und Beschleunigung sowie die konkrete Bremskurvencharakteristik haben zwar einen Einfluss auf die Verfahrbewegung des Leichtbauroboters, werden jedoch nicht im sicherheitsgerichteten Teil der Controller-Box verarbeitet und haben dementsprechend keinen Einfluss auf die vierstellige Prüfsumme. Dies hat zur Folge, dass eine Anpassung dieser Parameter nicht erkannt werden kann, weshalb das Schadensausmaß beziehungsweise das Risikopotential der Roboter-Anwendung ansteigen könnte und die Auslegung der getroffenen Schutzmaßnahmen gegebenenfalls nicht mehr ausreichend ist. Aus diesem Grund muss bei der Betrachtung der Nachlaufzeit immer vom gefährlichsten Fall, von einer weichen Bremskurvencharakteristik, ausgegangen werden.

---

[9] Vgl. Abbildung 5.3, Pfeil/Kasten im oberen rechten Bereich.

5.1.3 Messtechnik

Dieses Unterkapitel zeigt die notwendige Messtechnik für die Bearbeitung der zwei Szenarien auf.

Nachlaufmessgerät – Szenario I
Um das Nachlaufverhalten einer Bewegung zu erfassen, wird eines der am weitesten verbreiteten Messgeräte der Firma *hhb Electronic GmbH*, das mobile Nachlaufzeitmessgerät *safetyman DT2,* verwendet. Mit diesem ist es möglich, eine gefahrbringende Roboterbewegung mit der zugehörigen Aktuatorik und Sensorik aufzuzeichnen. Hierfür wird zu einem definierten Zeitpunkt (SPM Position – StartPosition der Messung) ein Maschinenstoppsignal und demnach ein Stopp der gefahrbringenden Roboterbewegung erzeugt. Dies kann entweder über einen Relais-Kontakt, der direkt an der Steuerung angeschlossen wird, oder über die Auto-Hand, welche die montierte Schutzeinrichtung auslöst, aktiviert werden. Der Vorteil der Auto-Hand ist die zusätzliche Betrachtung der Reaktionszeit der jeweiligen Schutzeinrichtung innerhalb der gesamten Nachlaufzeit, weshalb für die durchgeführten Versuche diese Variante verwendet wird. Die Sensorik (Seilzugmessgeber) erfasst den zurückgelegten Weg der gefahrbringenden Bewegung. Durch Verknüpfung der zurückgelegten Strecke mit der dafür benötigten Zeit wird es möglich, die vorhandene Geschwindigkeit zu ermitteln.

Die SPM-Position sollte im Bereich der höchsten Geschwindigkeit der gefahrbringenden Bewegung liegen, um die Nachlaufzeit für den gefährlichsten Zustand ermitteln zu können. Zur Bestimmung der Auslöseposition kann zwischen drei verschiedenen Verfahren[10] gewählt werden. Für die Analyse des Verhaltens des Leichtbauroboters durch einen definierten Stopp sowie die Untersuchung der Auswirkung der einzelnen Einflussgrößen wird das *manuelle* Verfahren verwendet. Hierbei gibt der Nutzer vor der Messung die gewünschte SPM-Position manuell am Messgerät ein.

Es ist hilfreich, zuvor einen Bewegungszyklus aufzuzeichnen, um daraus die Position der höchsten Geschwindigkeit zu ermitteln. Der ermittelte Geschwindigkeitsverlauf kann anschließend am Messgerät angezeigt und analysiert werden. Zusätzlich liefert die *hhb Electronic GmbH* eine Software zur detaillierteren Auswertung von Geschwindigkeitsverläufen, Nachlaufzeiten und –wegen. In Abbildung 5.4 ist ein vollständiger Bewegungszyklus sowie ein ausgelöster Stopp an der SPM-Position 50 mm dargestellt. Auf der x-Achse kann zwischen dem

---

[10] Manuell, Testhub, Teach-in.

Weg in mm und der Zeit in ms umgeschaltet werden. Auf der y-Achse befindet
sich die aktuelle Geschwindigkeit in mm/s.

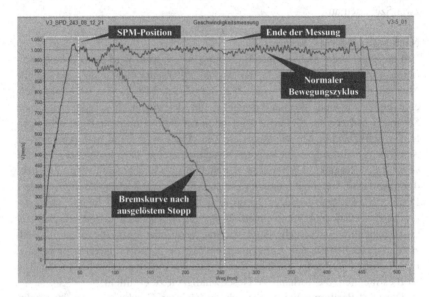

Abbildung 5.4 Software für Nachlaufzeitmessung – Safetyman. (Quelle: Eigene Darstellung, Software safetyman)

Auf die weiteren Parameter, welche innerhalb des Messgerätes eingestellt
werden können, wird an dieser Stelle nicht näher eingegangen, da die aufge-
zeichneten Kurven der verschiedenen Verfahrbewegungen des Leichtbauroboters
innerhalb der Software analysiert werden und sie somit keine Relevanz für die
durchgeführten Messungen haben.

Eine Erfassung von Nachlaufzeit und -weg mit dem zuvor vorgestellten Mess-
gerät inklusive Aktorik und Sensorik ist nur für lineare Bewegungen möglich.
Aus diesem Grund wird bei der Entwicklung der erweiterten Bewertungsme-
thodik angenommen, dass das Bremsverhalten einer nicht linearen Bewegung in
Abhängigkeit der Geschwindigkeit annähernd identisch zu dem einer linearen
Bewegung ist.

Messsystem für kollaborierende Roboter – Szenario I

Der grundlegende Aufbau des biofidelen Messsystems, welches bei der Kraft- und Druckmessung von kollaborierenden Roboter-Anwendungen nach dem Schutzprinzip der *Leistungs- und Kraftbegrenzung* zum Einsatz kommt, wurde bereits bei Abschnitt 2.5 erklärt. Hierfür werden ein Messgerät zur Erfassung der wirkenden Kraft sowie Druckmessfolien, die den auftretenden Druck bei einem Kontakt erfassen können, benötigt.

Das für die nachfolgend durchgeführten Versuche eingesetzte Kraftmessgerät *CBSF-75-Basic* der Firma *GTE Industrieelektronik GmbH*, hat einen Messbereich bis 500 N mit einer starren Federkonstante von 75 N/mm, die nach *ISO/TS 15066* schwerpunktmäßig für die Körperregionen Hände und Finger ausgelegt ist.[11] In der Praxis hat sich jedoch gezeigt, dass die Ergebnisse einer Kraftmessung, bei der verschiedene Federkonstanten genutzt wurden, nur geringfügig voneinander abweichen.[12] Demnach ist es möglich, für andere zulässige Körperregionen, die nach *ISO/TS 15066* eigentlich eine geringere Federkonstante besitzen, trotzdem den ungünstigen Wert[13] anzunehmen. Dies führt wiederum zu einer eher konservativeren Auslegung der Roboter-Anwendung.

Für die Ermittlung des auftretenden Drucks werden *Prescale-Druckmessfolien* vom Typ Niederdruck[14] der Firma *FUJIFILM* eingesetzt. Die Druckmessfolien bestehen aus zwei Komponenten. Eine Folie ist mit einem färbenden Material beschichtet (Mikrokapseln) und die andere Folie mit dem dazugehörigen Farbentwicklungsmaterial. Der auftretende Druck wird durch eine unterschiedliche Intensität auf der Folie abgebildet.

Nach der durchgeführten Messung wird die Folie mit Hilfe eines handelsüblichen Scanners und eines speziell dafür entwickelten Kalibrierblattes eingescannt und in einer Software ausgewertet. Problematisch ist bei diesem Messverfahren jedoch, dass mit der Druckmessfolie nur der maximal auftretende Druck erfasst werden kann. Demnach stehen keine Informationen über den Zeitverlauf oder die vorhandene Druckentwicklung zur Verfügung.

In Abbildung 5.5 ist das eingesetzte Kraftmessgerät, beispielhaft ein Folienpaar, der notwendige Scanner sowie das Kalibrierblatt abgebildet. Die Auswertung erfolgt mit Hilfe der Software *CobotSafe-Vison*, welche ebenfalls von der *GTE Industrieelektronik GmbH* zur Verfügung gestellt wird.

---

[11] Vgl. DIN ISO/TS 15066:2017–04, S. 36.

[12] Vgl. DGUV, 2017, S. 4.

[13] 75 N/mm.

[14] Messbereich von 250 N/cm^2 – 1.000 N/cm^2.

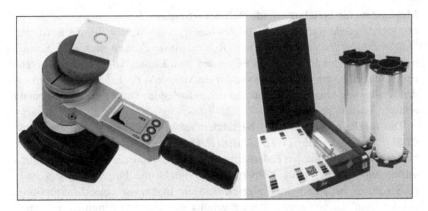

Abbildung 5.5 Kraftmessgerät, Druckmessfolie, Scanner und Kalibrierblatt. (Quelle: Eigene Darstellung, Bildquelle: *GTE Industrieelektronik GmbH*)

Zeitmessung – Szenario II

Zur Erfassung der Zeit beim Öffnungsvorgang der beweglichen trennenden Schutzeinrichtung für das zweite Szenario wird am mechanischen Grundaufbau ein zusätzlicher Sicherheits-Sensor installiert, der den Zustand der beweglichen trennenden Schutzeinrichtung überwacht. Das bereits montierte Sicherheits-Lichtgitter aus Szenario I wird zur Detektion des Durchgriffs eingesetzt. Die Zeitdifferenz zwischen dem Auslösen des Türschalters und des Lichtgitters ergibt die Öffnungs- und Eingriffzeit.

Sowohl die verwendeten Bauteile zur Ermittlung der Öffnungszeit einer beweglichen trennenden Schutzeinrichtung als auch die externe Steuerung und das die Berechnung durchführende Programm bringen eine bestimmte Reaktionszeit mit sich. Aus diesem Grund müssen die Reaktionszeiten summiert und abgezogen werden, um eine Verfälschung der Daten zu vermeiden.

5.2   Versuchsszenarien I – Allgemeines Verhalten und bei definiertem Stoppsignal

Nachfolgend wird das Versuchsszenario I beschrieben, bevor mit der Durchführung der einzelnen Messungen, deren Auswertung und Interpretation begonnen wird.

5.2.1   Beschreibung Versuchsszenario I

Im ersten Szenario des Versuchsaufbaus, soll, wie bereits beschrieben, das grundlegende Verhalten des Leichtbauroboters in Abhängigkeit der unterschiedlichen Sicherheitsparameter[15] und der allgemeinen Parameter wie Geschwindigkeit, Beschleunigung und Bremsverhalten betrachtet werden. Zudem wird auch das aus einem definierten Stopp resultierende Verhalten, ausgelöst durch eine technische Schutzeinrichtung, einbezogen. Hierfür muss in einem ersten Schritt, eine optimale Verfahrbewegung zwischen zwei Wegpunkten bestimmt werden, damit die tatsächliche Geschwindigkeit des Leichtbauroboters so lange wie möglich konstant bleibt. Anschließend kann die Auswirkung der Parameter auf diese eine konkrete Verfahrbewegung hin analysiert werden. Zur Analyse muss der Nachlauf des Robotersystems aufgezeichnet werden.

Für die Betrachtung des Verhaltens bei einem definierten Stopp durch eine technische Schutzeinrichtung wird am mechanischen Grundaufbau ein Sicherheits-Lichtgitter montiert, welches über eine externe Steuerung[16] den Stopp des Leichtbauroboters auslöst.

Bei ersten Messungen konnte festgestellt werden, dass eine erhebliche Streuung in den Messergebnissen vorliegt, weshalb zusätzlich ein induktiver Sicherheitssensor installiert und direkt an der Robotersteuerung angeschlossen wurde. Das beobachtete Verhalten der Streuung der Messergebnisse lässt sich vor allem durch die Reaktionszeit der Schutzeinrichtung und der Verarbeitungszeit innerhalb der externen Steuerung begründen. Bei einer realen Roboter-Anwendung muss der Nachlauf zwingend mit allen vorhandenen Komponenten durchgeführt werden, um eben genau diese zusätzlichen Zeiten zu berücksichtigen. Um jedoch wiederholbare Daten für die weiteren durchzuführenden Versuche zu erhalten, werden im weiteren Verlauf die Messungen mit dem induktiven Sicherheitssensor durchgeführt. Dadurch entfällt die Reaktionszeit des Sicherheits-Lichtgitters sowie die Verarbeitungszeit innerhalb der externen Steuerung.

5.2.2   Allgemeines Verhalten – Sicherheitsparameter

Die Verfahrbewegung beziehungsweise die zwei Wegepunkte vom Leichtbauroboter werden so angepasst, dass sich durch die vorhandene Roboterkinematik

---

[15] Vgl. dazu Abbildung 5.3 mit der Übersicht zu den verschiedenen Sicherheitsparametern.
[16] Sicherheitsgerichtete speicherprogrammierbare Steuerung.

keine Einschränkungen für die resultierende Geschwindigkeit ergeben. Des Weiteren wird darauf geachtet, dass die eingestellte Geschwindigkeit so lange wie möglich konstant bleibt, da die höchste Geschwindigkeit, die das Robotersystem erreicht, den ungünstigsten Fall bezüglich des Nachlaufverhaltens darstellt. In Abbildung 5.6 sind beispielhaft für verschiedene Wegpunkte die Auswirkungen der vorhandenen Roboterkinematik und die daraus resultierenden Verfahrbewegungen abgebildet. Die orangene Kurve stellt dabei den idealen Geschwindigkeitsverlauf dar, da die programmierte Geschwindigkeit schnell erreicht und über einen längeren Zeitraum konstant gehalten wird.

Die beiden anderen dargestellten Verfahrbewegungen (lila und grün), welche ihre Wegpunkte näher an der Basis des Leichtbauroboters haben, werden durch die Robotersteuerung bezüglich ihrer Geschwindigkeit reduziert, was an der vorhandenen Roboterkinematik liegt. Die Verfahrbewegung der grünen Kurve ist dabei noch etwas näher an der Basis des Leichtbauroboters als die lilane Kurve. Mit der optimalen Verfahrbewegung kann nun mit der eigentlichen Versuchsreihe begonnen werden.

Die Parameter für die Geschwindigkeit werden an dieser Stelle nicht aufgezeigt, da das resultierende Verhalten des Leichtbauroboters ohne ausgelösten Stopp keine neuen Erkenntnisse liefert. Das konstante Plateau (2), das in Abbildung 5.6 zu sehen ist, regelt sich demnach auf die eingestellte Geschwindigkeit nach der erfolgten Beschleunigung (1) ein, bevor die Verfahrbewegung wieder abgebremst (3) wird. Im weiteren Verlauf der Versuchsreihe zu Szenario I wird die Geschwindigkeit jedoch nochmal relevant, wenn das Nachlaufverhalten bei einem definierten Stoppsignal untersucht wird.

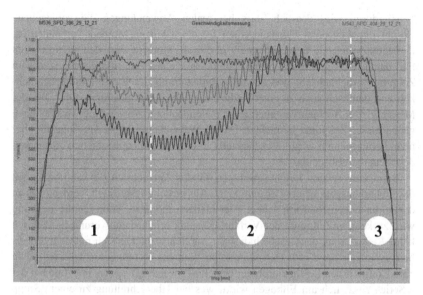

Abbildung 5.6 Auswirkung der Roboterkinematik auf die Geschwindigkeit der Verfahrbewegung. (Quelle: Eigene Darstellung, Software safetyman)

Die Beschleunigung, welche in einem konkreten Verfahr-Befehl vorgegeben werden kann, hat hingegen Auswirkungen auf das grundlegende Verhalten des Leichtbauroboters. Je kleiner der Wert für die Beschleunigung gewählt wird, desto länger benötigt der Leichtbauroboter bis er die eingestellte Geschwindigkeit erreicht. Für die konkrete Verfahrbewegung mit einer Geschwindigkeit von 1.000 mm/s bedeutet das, dass ab einem Beschleunigungswert von kleiner 2.000 mm/s^2 die Geschwindigkeit auf Grund der Länge der Verfahrbewegung nicht mehr erreicht wird. Durch Praxiserfahrungen hat sich gezeigt, dass an realen Roboter-Anwendungen die Beschleunigungswerte zwischen 1.200 mm/s^2 und 2.400 mm/s^2 die üblichen Werte für eine lineare Bewegung darstellen.

Hierdurch wird deutlich, dass bei realen Anwendungen die vorgegebene Geschwindigkeit unter Umständen nur für einen kurzen Moment vorhanden ist. Die gefahrbringende Bewegung stellt in diesem Moment zwar den ungünstigsten Fall dar, jedoch nimmt die Wahrscheinlichkeit eines Eingriffs genau zu diesem Zeitpunkt erheblich ab, was zu einer Reduzierung der Eintrittswahrscheinlichkeit und demnach auch zu einer Reduzierung des Risikopotentials führt. Bei der Messung zum Nachlaufverhalten einer realen Roboter-Anwendung wird dennoch genau dieser Zeitpunkt betrachtet. Da die Wahrscheinlichkeit des Eingriffs aber nicht berücksichtigt wird, führt dies teils zu einer überdimensionierten Auslegung des Sicherheitsabstands.

Beim eingesetzten Leichtbauroboter für den Versuchsaufbau kann bezüglich des Sicherheitsparameters *Leistung* keine Auswirkung festgestellt werden, was an der vorhandenen Bauform[17] liegt. Der kleinste mögliche Wert für die Leistung wird zu keinem Zeitpunkt der Verfahrbewegung erreicht und verursacht dadurch keine Reduzierung der Geschwindigkeit. Ähnlich verhält es sich mit dem Sicherheitsparameter der *Kraft*. Der eingestellte Wert hat erst eine Auswirkung, wenn eine Kraft auf den Leichtbauroboter beziehungsweise auf seinen TCP und bei der e-Series zusätzlich am Ellbogen wirkt, was bei Überschreitung zu einem Stopp des Robotersystem führen würde.

Bei der grundlegenden Betrachtung erfolgt jedoch keine Krafteinwirkung auf den Leichtbauroboter, weshalb sich hier die Verfahrbewegung, unabhängig des konkreten Wertes der Sicherheitseinstellung, gleich verhält. Der *Impuls* hat hingegen eine Auswirkung auf die tatsächliche Geschwindigkeit. Je geringer der Wert für den *Impuls* gewählt wird, desto mehr reduziert sich die Maximalgeschwindigkeit des Leichtbauroboters. Die Verfahrbewegungen des Leichtbauroboters bei unterschiedlichen Impuls- und Beschleunigungswerten sind im elektronischen Zusatzmaterials einsehbar.

Aus den gewonnenen Erkenntnissen wird bereits ersichtlich, dass vor allem die Geschwindigkeit die relevante Größe für die weitere Betrachtung des Nachlaufverhaltens ist. Diese soll nachfolgend bezüglich ihres Verhaltens nach einem definierten Stoppsignal, ausgelöst durch eine nichttrennende Schutzeinrichtung, näher betrachtet werden. Hierzu zählt auch das Verhalten bezüglich der Bremscharakteristik, die über die Robotersteuerung vorgegeben werden kann.

Für die optimale Verfahrbewegung aus Abbildung 5.6 wird das Bremsverhalten des Leichtbauroboters für eine *weiche* und für eine *harte* Bremskurve sowie der daraus resultierende normative Sicherheitsabstand ermittelt. Die zugehörigen Kurven sowie die Berechnung des normativen Sicherheitsabstands nach

---

[17] UR3e – Nutzlast von 3 kg.

EN ISO 13855 sind in Abbildung 5.7 zu finden. Die SPM-Position ist an dieser Stelle nicht von Relevanz, da nur das unterschiedliche Bremsverhalten des Leichtbauroboters aufgezeigt werden soll.

Zwar erlaubt die harte Bremskurve aufgrund der kürzeren Nachlaufzeit eine Reduzierung des Sicherheitsabstands um ca. 85 %, kann aber zu einer Beeinflussung des Prozesses, beispielsweise durch Verlieren oder Verrutschen der handzuhabenden Teile, sowie zu einer Verkürzung der Lebensdauer des Leichtbauroboters führen.

Die zwei Sicherheitsparameter für die *Stoppzeit* und den *Stoppweg* der aktuellen Leichtbauroboter von UR haben Einfluss auf die Verfahrbewegung. Diese reduzieren die Geschwindigkeit des Leichtbauroboters so weit, dass die vorgegebenen Werte für die Stoppzeit oder den Stoppweg eingehalten werden. Das zugehörige Bremsverhalten bewegt sich dabei in Abhängigkeit der konkret eingestellten Werte zwischen einer harten und weichen Bremskurve.

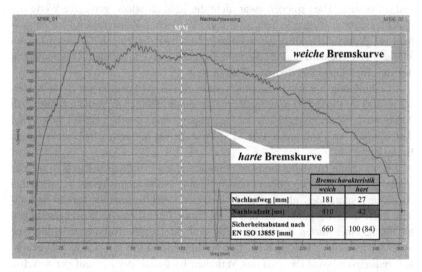

	Bremscharakteristik	
	weich	hart
Nachlaufweg [mm]	181	27
Nachlaufzeit [ms]	410	42
Sicherheitsabstand nach EN ISO 13855 [mm]	660	100 (84)

Abbildung 5.7 Auswirkung der Bremscharakteristik auf das Nachlaufverhalten. (Quelle: Eigene Darstellung, Software safetyman)

5.2.3   Verhalten bei definiertem Stoppsignal

Nachdem das allgemeine Verhalten des Leichtbauroboters sowie die Auswirkung der einstellbaren Sicherheitsparameter auf die Verfahrbewegung untersucht
wurden, kann mit der Betrachtung eines Stoppsignals, welches durch eine nichttrennende Schutzeinrichtung ausgelöst wurde, fortgefahren werden. Hierfür wird
zunächst analysiert, welche Auswirkung die SPM-Position auf das zugehörige Bremsverhalten des Leichtbauroboters hat. Für das Bremsverhalten wird
die *weiche* Kurve eingestellt, da diese das längste Nachlaufverhalten der Verfahrbewegung darstellt und demnach auch das größte mögliche Risikopotential
besitzt.

In Abbildung sind beispielhaft ausgewählte SPM-Positionen bei realitäts-
nahen Parametern dargestellt. Für die Geschwindigkeit wird ein Wert von
1.000 mm/s eingestellt, bei der Beschleunigung allerdings der maximale Wert von
150.000 mm/s^2, damit die eingestellte Geschwindigkeit über ein möglichst langes
Plateau besteht. Dies spiegelt zwar nicht die Realität wider, geringere Werte der
Beschleunigung würden jedoch, wie dem elektrischen Zusatzmaterial zu entnehmen ist, dazu führen, dass die maximale Geschwindigkeit nur für einen kurzen
Moment erreicht wird und die Verfahrbewegung mit dem größten Risikopotential
nur für einen kurzen Zeitpunkt vorhanden ist.

In Abbildung 5.8 wird ersichtlich, dass eine SPM-Position im Bereich zwischen 100 mm und 160 mm annähernd zu einem ähnlichen Verhalten führt. Ab
200 mm ist das Bremsverhalten des Leichtbauroboters deutlich stärker ausgeprägt
und verstärkt sich mit steigender SPM-Position bis hin zum Effekt einer harten
Bremskurve.

Die gewählte SPM-Position hat demnach einen erheblichen Einfluss auf das
Verhalten des Leichtbauroboters bei Auslösung eines Stoppsignals. Je später die
Auslösung stattfindet, also je näher sich der Leichtbauroboter bereits bei sei-
nem nächsten Wegpunkt befindet, desto härter führt dieser sein Bremsverhalten
bis hin zu einer *harten* Bremskurve aus, obwohl über die Robotersteuerung eine
weiche Bremskurve vorgeben ist. Der Nachlaufweg kann sich damit teils erheblich reduzieren. Wird dagegen das Verhalten bezüglich der Zeit auf der x-Achse
betrachtet, ist festzustellen, dass die SPM-Position einen deutlich geringeren
Einfluss auf die Nachlaufzeit hat. In Abbildung 5.9 sind die Nachlaufzeit und
der Nachlaufweg in Abhängigkeit der SPM-Positionen für drei verschiedenen
Beschleunigungswerte aufgezeigt. Hier wird das bereits beschriebenen Verhalten
ebenfalls ersichtlich.

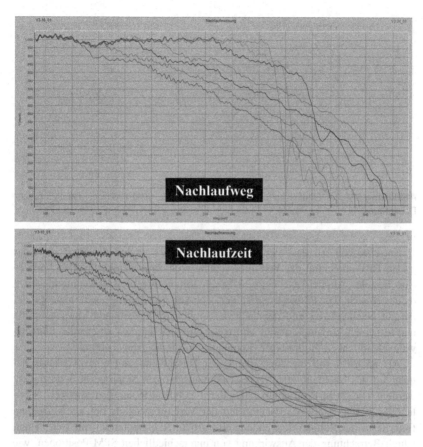

Abbildung 5.8 Auswirkung der SPM-Position auf das Nachlaufverhalten. (Quelle: Eigene Darstellung, Software safetyman)

Die tatsächliche SPM-Position hat eine erhebliche Auswirkung auf den Nachlaufweg, während der Einfluss auf die Nachlaufzeit eher geringfügig ausfällt. Da sich der Nachlaufweg teils stark reduziert, liegt er demnach auch nur für einen kürzeren Moment der Verfahrbewegung an, wo hingegen sich die Nachlaufzeit erst zu einem sehr späten Auslösezeitpunkt, kurz vor Ende der Verfahrbewegung, reduziert.

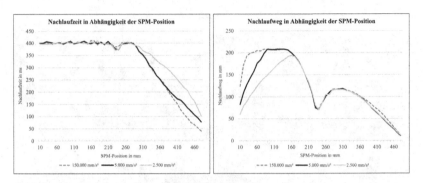

Abbildung 5.9 Nachlaufverhalten in Abhängigkeit der SPM-Position. (Quelle: Eigene Darstellung)

Entscheidend ist, dass der maximale Nachlaufweg und demnach auch das größte Risikopotential der Verfahrbewegung nicht über den kompletten Verfahrweg besteht. Ähnlich wie dem Verhalten mit geringem Beschleunigungswert, reduziert sich das Risikopotential der Roboter-Anwendung auch hier, da der längste Nachlaufweg und demnach der ungünstigste Zeitpunkt eines Eingriffs nur für einen kurzen Moment auftreten. Die sich hieraus ergebende Eintrittswahrscheinlichkeit zu diesem Zeitpunkt nimmt dementsprechend ab.

Als nächstes soll die Auswirkung der Geschwindigkeit einer Verfahrbewegung auf das Nachlaufverhalten bei einem ausgelösten Stopp genauer untersucht werden. Die SPM-Position, bei der der Leichtbauroboter den längsten Nachlaufweg besitzt, stellt die Position auf der Verfahrbewegung dar, die bei einem Eingriff in die Roboter-Anwendung das größte Risikopotential mit sich bringt. Durch Betrachtung der Auswirkung von unterschiedlichen SPM-Positionen, wie in Abbildung 5.8 und Abbildung 5.9 aufgezeigt, besteht bei einer Beschleunigung von 150.000 mm/s^2 der maximale Nachlaufweg bei einer SPM-Position zwischen 90 mm und 140 mm. Für die nachfolgend durchgeführten Messungen wird deshalb die SPM-Position auf 140 mm festgelegt. Die eingestellte Geschwindigkeit wird anschließend sukzessive nach unten geregelt und das zugehörige Verhalten bei einem ausgelösten Stoppsignal beobachtet. In Abbildung 5.10 ist das Verhalten bezüglich des Nachlaufweges bei unterschiedlichen Geschwindigkeitswerten dargestellt. Hier wird ersichtlich, dass die Geschwindigkeit einen teils erheblichen Einfluss auf den Nachlaufweg der Verfahrbewegung bewirkt.

Darüber hinaus sind in Abbildung 5.11 zwei Diagramme dargestellt, welche die Nachlaufzeit und den Nachlaufweg für alle durchgeführten Geschwindigkeitswerte wiedergeben. Dem linken Diagramm ist zu entnehmen, dass die Nachlaufzeit zu Beginn bei geringen Geschwindigkeitswerten stark ansteigt und anschließend auf einem Plateau um die 400 ms unabhängig der tatsächlichen Geschwindigkeit konstant verbleibt. Im rechten Diagramm wird dagegen ersichtlich, dass sich der Nachlaufweg direkt proportional zur ansteigenden Geschwindigkeit verhält.

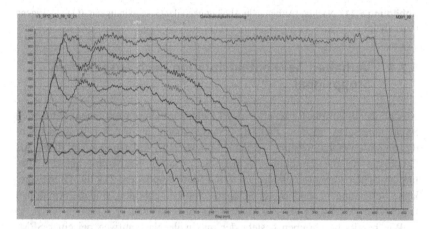

Abbildung 5.10 Auswirkung der Geschwindigkeit auf das Nachlaufverhalten. (Quelle: Eigene Darstellung, Software safetyman

Problematisch an dieser Stelle ist vor allem, dass für die Berechnung des normativen Sicherheitsabstands nach *EN ISO 13855* allein die Nachlaufzeit relevant ist. Die einhergehende Reduzierung des Nachlaufweges bei geringeren Geschwindigkeiten wird nicht betrachtet. Dies hat zur Folge, dass eine Verfahrbewegung mit 1.200 mm/s annähernd den gleichen Sicherheitsabstand benötigt wie eine Verfahrbewegung mit 150 mm/s. Der Nachlaufweg reduziert sich dabei jedoch von 241 mm auf 30 mm, was wiederum zu einem deutlich geringeren Risikopotential der gefahrbringenden Bewegung führt.

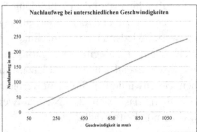

Abbildung 5.11 Nachlaufverhalten in Abhängigkeit der Geschwindigkeit. (Quelle: Eigene Darstellung)

5.2.4   Verhalten bei Kontaktsituation nach ausgelöstem Stoppsignal

Abschließend soll die Restenergie des Leichtbauroboters nach einem definierten Stopp untersucht werden. Ziel ist, herauszufinden, ab welcher Restgeschwindigkeit die Verfahrbewegung zu keiner physischen Verletzung mehr führt. Als Grundlage für die Ermittlung werden die erfassten Kraftwerte mit den biomechanischen Grenzwerten der *ISO/TS 15066* verglichen. Da die Grenzwerte keine Verletzungen, sondern nur Schmerzschwellen abbilden, sind die ermittelten Geschwindigkeitswerte als sehr konservativ zu betrachten.

Wie bereits beschrieben besteht der maximale Nachlaufweg bei einer SPM-Position von 140 mm, weshalb nachfolgend ein Kontakt zwischen Leichtbauroboter und Kraftmessgerät nach einem Stopp an dieser Position untersucht wird. Hierfür wird das Kraftmessgerät zunächst an der Stelle montiert, bei der der Leichtbauroboter nach dem Stopp ohne Kontakt stehen bleibt. Über die anschließende sukzessive[18] Verschiebung in Richtung des Leichtbauroboters kann erfasst werden, welche Kraft der Leichtbauroboter nach einem ausgelösten Stopp durch die Restbewegung ausübt. Da das Messgerät fest verschraubt ist, wird auf der Seite des Kontaktpartners ein quasistatischer Kontakt simuliert. Die auftretende Kontaktsituation am Messgerät selbst kann jedoch nach *ISO/TS 15066* als transienter Kontakt angenommen werden, da der Leichtbauroboter nach dem Kontakt zurückspringt und es zu keiner dauerhaften Klemmung kommt. Es zeigt sich, dass der maximale Kraftanstieg jeder einzelnen Messung innerhalb kürzester Zeit erreicht ist und bis zum kritischen Wert von 0,5 Sekunden wieder abfällt. 0,5

---

[18] In 5 mm Schritten.

Sekunden stellen dabei die Unterscheidung zwischen transientem und quasistatischem Kontakt dar.[19] In Abbildung 5.12 sind verschiedene Kontaktsituationen dargestellt.

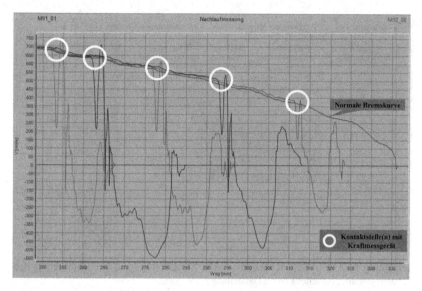

Abbildung 5.12 Verschiedene Kontaktsituationen mit Kraftmessgerät nach ausgelöstem Stopp. (Quelle: Eigene Darstellung, Software safetyman)

Da bei einer möglichen Kontaktsituation zwischen Roboter und Mensch bei einem Eingriff vor allem Hände und Finger betroffen sind, werden die zwei definierten Grenzwerte[20] aus der *ISO/TS 15066* für die weitere Betrachtung der auftretenden Kräfte angenommen.

Für die konkrete Roboter-Anwendung[21] und den eingesetzten Leichtbauroboter könnte demnach aus der reinen Betrachtung der wirkenden Kräfte die Nachlaufzeit für einen transienten Kontakt bereits bei 745 mm/s und für einen quasistatischen Kontakt bei 291 mm/s beendet werden.[22] Die mögliche Einsparung des Sicherheitsabstands ist in Abbildung 5.13 dargestellt und beträgt

---

[19] DIN ISO/TS 15066:2017–04, S. 26.

[20] 280 N bei einem transienten Kontakt / 140 N bei einem quasistatischen Kontakt.

[21] Versuchsaufbau mit UR3e Leichtbauroboter.

[22] Die zwei Zahlenwerte (745 / 291) wurden auf die nächste ganze Zahl abgerundet.

bei einer Geschwindigkeit der gefahrbringenden Bewegung von 1.000 mm/s bei einem transienten Kontakt 65 % und bei einer Klemmung 24 % im Vergleich zum normativen Sicherheitsabstand nach *EN ISO 13855*.

Grunddaten	Transienter Kontakt - 280 N		Quasistatischer Kontakt - 140 N		Normativer Sicherheitsabstand nach EN ISO 13855
Geschwindigkeit der Verfahrbewegung	Möglicher neuer Sicherheitsabstand	Mögliche % Einsparung	Möglicher neuer Sicherheitsabstand	Mögliche % Einsparung	
Ermittelte Restgeschwindigkeitswerte	745 mm / s		291 mm / s		
100 mm/s	Tatsächliche Geschwindigkeit der Verfahrbewegung liegt unterhalb der ermittelten Restgeschwindigkeit nach ISO/TS 15066				586 mm
200 mm/s					620 mm
300 mm/s			100 mm	84%	642 mm
400 mm/s			232 mm	64%	645 mm
500 mm/s			373 mm	43%	644 mm
600 mm/s	Sicherheitsabstand = 100 mm		439 mm	32%	648 mm
700 mm/s			490 mm	24%	648 mm
800 mm/s	100 mm	84%	500 mm	22%	645 mm
900 mm/s	180 mm	72%	500 mm	23%	650 mm
1000 mm/s	229 mm	65%	500 mm	24%	655 mm
1100 mm/s	280 mm	57%	500 mm	23%	647 mm
1200 mm/s	333 mm	49%	500 mm	23%	652 mm

Abbildung 5.13 Mögliche Reduzierung vom Sicherheitsabstand bei Kontakt mit dem Robotersystem[23]. (Quelle: Eigene Darstellung)

Die dargestellten Reduzierungen des Sicherheitsabstands bilden nur den Faktor der Krafteinwirkung ab, da eine etwaige Auswirkung auf die Flächenpressung stark vom geometrischen Faktor der Kontaktelemente[24] abhängig ist und deshalb nicht betrachtet wird. Eine Bewertung der geometrischen Faktoren sowie der Einfluss der bisher unbeachteten Wahrscheinlichkeit eines tatsächlichen Eingriffs auf die Gefährdungssituation, wird in Kapitel 6 bei der Entwicklung der erweiterten Bewertungsmethodik genauer beschrieben.

Bei den durchgeführten Messungen konnte zudem festgestellt werden, dass die eingestellte *Kraft am TCP*[25] eine Auswirkung auf die Geschwindigkeit hat,

---

[23] Die dargestellten Zahlenwerte des Sicherheitsabstands wurden auf die nächste ganze Zahl aufgerundet.

[24] Endeffektor wie Greifer oder Vakuumsauger, aber auch das handzuhabende Bauteil am Endeffektor.

[25] Sicherheitsparameter des UR-Leichtbauroboters.

bei der ein Kontakt mit dem Leichtbauroboter noch unterhalb der biomechanischen Grenzwerte liegt. Eine Gegenüberstellung ist in Abbildung 5.14 für einen maximalen Wert von 250 N und für den minimalen Wert von 50 N abgebildet.

Für beide Kontaktsituationen ergibt sich demnach bei einem Kraftwert von 50 N eine neue Restgeschwindigkeit, welche knapp 100 mm/s höher liegt. Die Erfassung der notwendigen Daten sollte deshalb immer mit den realen Sicherheitsparametern der Roboter-Anwendung durchgeführt werden.

Für den transienten Kontakt ergibt sich bei einer Geschwindigkeit von 1.000 mm/s der gefahrbringenden Verfahrbewegung nochmals eine Reduzierung von 77 mm des Sicherheitsabstands. Bei einem quasistatischen Kontakt ist hingegen keine Reduzierung möglich, obwohl sich die Nachlaufzeit um 46 ms verringert. Auf Grund des vorhandenen Berechnungsschemas der *EN ISO 13855* ergibt sich allerdings der gleiche Sicherheitsabstand von 500 mm, da bei einer Nachlaufzeit im Bereich von 250 ms bis 312,5 ms immer ein Sicherheitsabstand von 500 mm resultiert. Bei einer geringeren Geschwindigkeit der Verfahrbewegung kann jedoch auch bei einem quasistatischen Kontakt mit einer weiteren Reduzierung des Sicherheitsabstands gerechnet werden.

Kontaktart	Kraft am TCP	Geschwindigkeit der Verfahr- bewegung	Ermittelte Rest- geschwindigkeits- werte	Möglicher neuer Sicherheits- abstand	Mögliche % Einsparung	Sicherheits- abstand nach EN ISO 13855
Transient	250 N		745 mm/s	229 mm	65%	
	50 N	1.000 mm/s	855 mm/s	152 mm	77%	655 mm
Quasistatisch	250 N		291 mm/s	500 mm	24%	
	50 N		399 mm/s	500 mm	24%	

Abbildung 5.14 Kraft am TCP und Auswirkung auf die Geschwindigkeit bei Kontakt. (Quelle: Eigene Darstellung)

Die in Szenario I gesammelten Erkenntnisse werden in der abschließenden Zusammenfassung in Abschnitt 5.4 nochmals aufgegriffen und im Kapitel 6 als Grundlage für die Entwicklung der erweiterten Bewertungsmethodik herangezogen.

5.3   Versuchsszenarien II – Öffnungszeit bewegliche trennende Schutzeinrichtung

5.3.1   Beschreibung Versuchsszenario II

Wie in Abschnitt 3.3 aufgeführt, muss auch bei beweglichen trennenden Schutzeinrichtungen, unabhängig der Öffnungsform[26], der Mindestabstand nach *EN ISO 13855* ermittelt werden. Einzig die Annäherungsgeschwindigkeit kann von 2.000 mm/s auf 1.600 mm/s reduziert werden. Die Reduzierung um 400 mm/s spiegelt jedoch unzureichend den zeitlichen Aufwand wider, welcher beim Öffnen tatsächlich benötigt wird. Aus diesem Grund soll die tatsächliche Zeit zum Öffnen einer beweglichen trennenden Schutzeinrichtung zur Bedienperson hin im zweiten Versuchsszenario betrachtet werden.

Um aussagekräftige Daten bei der Durchführung zu erhalten, wurden drei Szenarien erarbeitet. Im *Szenario I* wird eine normale Öffnung der beweglichen trennenden Schutzeinrichtung mit einer anschließenden Tätigkeit innerhalb der Roboterzelle simuliert. Bei der Tätigkeit soll ein Gegenstand[27] an einem definierten Platz angehoben und anschließend wieder abgesetzt werden. Dieses Szenario entspricht dem in der Realität am zutreffendsten Eingriffsverhalten einer beweglichen trennenden Schutzeinrichtung. Im darauffolgenden *Szenario II* soll bei gleicher Aufgabenstellung eine Öffnung der beweglichen trennenden Schutzeinrichtung so schnell wie möglich erfolgen. Dieses Szenario bildet gleichzeitig den ungünstigsten Fall ab, wenn beispielsweise ein Gegenstand innerhalb der Maschine vergessen wurde und eine Bedienperson diesen so schnell wie möglich aus dem Gefahrenbereich entfernen möchte. Im abschließenden *Szenario III* wird noch der theoretisch schnellstmögliche Eingriff in den Gefahrenbereich betrachtet. Hierfür soll die Tür so schnell wie möglich geöffnet und das dahinter montierte Sicherheits-Lichtgitter ausgelöst werden. Die definierte Tätigkeit, welche bei Szenario I und II zusätzlich durchgeführt werden muss, entfällt bei dieser Variante.

---

[26] Nach innen, nach außen, oder seitlich (Schiebetür).
[27] Alu-Profil.

5.3.2   Auswertung und Interpretation der Daten

Jedes der drei Szenarien wird von den teilnehmenden Versuchspersonen fünf Mal wiederholt, um etwaige Lerneffekte erfassen zu können. Das heterogene Probandenkollektiv setzt sich aus fünf weiblichen und siebzehn männlichen Untersuchungsteilnehmern zusammen, welche keine körperlichen Einschränkungen aufweisen und zwischen 21 und 62 Jahren alt sind. Das Durchschnittsalter beträgt 39,8 Jahre und die durchschnittliche Körpergröße der Probanden liegt bei 178,8 cm mit einer Spannweite von 156 cm bis 205 cm. Zudem erfolgt eine Einteilung der Probanden anhand ihrer Tätigkeit in eine von vier Personengruppen[28].

Da der Schwerpunkt dieser Masterarbeit auf der Entwicklung einer erweiterten Bewertungsmethodik zur Reduzierung des Sicherheitsabstands bei technischen Schutzeinrichtungen liegt, ist die gewählte Probandenzahl vorerst ausreichend, um erste grundlegende Ergebnisse zu erhalten.

Die Streudiagramme in Abbildung 5.15 zeigen, dass die personenbezogenen Daten wie *Alter* oder *Körpergröße* keinen signifikanten Einfluss auf die erfassten Öffnungszeiten der beweglichen trennenden Schutzeinrichtung haben.

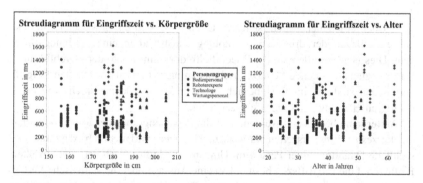

Abbildung 5.15   Eingriffszeit in Abhängigkeit der Körpergröße und Alter. (Quelle: Eigene Darstellung, Software Minitab)

Infolgedessen wird eine Regressionsanalyse auf die erhobenen Daten angewendet, um mögliche Einflussgrößen zu identifizieren. Das Haupteffektdiagramm in Abbildung 5.16 stellt die angepassten Mittelwerte für die drei Szenarien, die unterschiedlichen Personengruppen, sowie den Verlauf über die durchgeführten fünf Wiederholungen dar.

---

[28] Roboterexperte, Technologe, Wartungspersonal, Bedienpersonal.

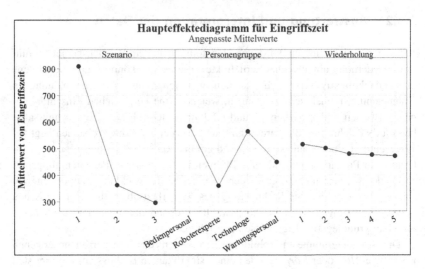

Abbildung 5.16 Haupteffektediagramm für Versuchsszenario II. (Quelle: Eigene Darstellung, Software Minitab)

Bei den erhobenen Daten ist festzustellen, dass sich ein gewisser Lerneffekt einstellt, der ab der dritten Wiederholung annähernd in eine Sättigung übergeht. Dies liegt vor allem an der Wiederholfrequenz innerhalb der Durchführung. Da bewegliche trennende Schutzeinrichtungen nicht für den dauerhaften Eingriff vorgesehen sind, ist im Regelbetrieb bei korrekter Auslegung nicht von einer derartigen Häufung der Eingriffe auszugehen.

Weiter kann beobachtet werden, dass die Personengruppe der *Roboterexperten* die kürzesten Eingriffszeiten aufweisen. Hierüber wird deutlich, dass die tatsächliche Erfahrung einer Person im Umgang mit Industrierobotern, den größten Einfluss auf die Eingriffszeit besitzt. Um eine Aussage über die statistische Verteilung der erhobenen Daten und damit einen Rückschluss auf die Grundgesamtheit zu erhalten, wird sich dieser über die Personengruppe der *Roboterexperten* und dem ungünstigen *Szenario II* angenähert. Hierfür wird die Verteilungsfunktion, welche den geringsten Anpassungsfehler aufweist, ausgewählt.

Die Nutzung einer loglogistischen Verteilungsfunktion zeigt, dass die Wahrscheinlichkeit einer Eingriffszeit unterhalb von 160 ms bei praktisch null liegt. Daher wird dieser Wert als untere Betrachtungsschwelle definiert.[29]

---

[29] Verschiedene Wahrscheinlichkeitsnetze sowie die Prozessfähigkeitsanalyse sind im elektronischen Zusatzmaterial zu finden.

Betrachtet man das erzielte Minimum von 194 ms bei *Szenario II*, so liegt dieses knapp 21 % über der zuvor ermittelten Betrachtungsschwelle und bildet damit eine eher konservative, auf Sicherheit bedachte Auslegung ab. Des Weiteren muss an dieser Stelle erwähnt werden, dass das Eingreifverhalten nach *Szenarien II* in der Regel nicht dem Normalbetrieb entspricht.

Die durchgeführte Versuchsreihe zeigt auf, dass eine differenzierte Betrachtung der Öffnungsrichtung von beweglichen trennenden Schutzeinrichtungen sinnvoll ist und sich Einsparungspotentiale gegenüber dem normativen Berechnungsschema ergeben. Zudem lässt sich feststellen, dass über eine weitere, intensivere Betrachtung der Öffnungszeit einer größeren Probandenzahl und eines differenzierteren Versuchsaufbaus die Einsparungspotentiale vermutlich weiter erhöht werden können. In Abhängigkeit der konkreten Anwendung kann unter Umständen die tatsächliche Eingreifgeschwindigkeit variieren, was hauptsächlich durch die vorhandenen Komponenten hinter der beweglichen trennenden Schutzeinrichtung und deren Anordnung bestimmt wird. Hier können weitere Versuchsreihen Aufschluss darüber geben, inwieweit ein Einfluss auf die Eingriffsgeschwindigkeit besteht.

5.4 Zusammenfassung

Mit dem Versuchsaufbau und den zwei durchgeführten Versuchsszenarien kann aufgezeigt werden, dass der normative Sicherheitsabstand nach *EN ISO 13855* bei nichttrennenden Schutzeinrichtungen und bei beweglichen trennenden Schutzeinrichtungen unter bestimmten Umständen reduziert werden kann. Aus diesem Grund wird der in Kapitel 4 aufgezeigte abstrakte Ansatz im nachfolgenden Kapitel mit den aus dem Versuchsaufbau gewonnen Informationen und Erkenntnissen ergänzt.

Die ermittelten Restgeschwindigkeiten, bei einem Kontakt innerhalb der biomechanischen Grenzwerte, beziehen sich nur auf die maximal zulässige Kraft und stellen demnach den maximalen Wert dar, welcher bei unkritischen geometrischen Faktoren verwendet werden kann, um den Sicherheitsabstand zu reduzieren. Unter Zuhilfenahme der zugehörigen Wahrscheinlichkeit ist es vorstellbar, den neu ermittelten Sicherheitsabstand anhand der untersuchten Restgeschwindigkeiten weiter zu reduzieren und bei einer hohen Wahrscheinlichkeit gegebenenfalls sogar zu erhöhen.

Des Weiteren kann festgestellt werden, dass sich durch die reine Betrachtung der Nachlaufzeit sehr große Sicherheitsabstände ergeben, die durch die Betrachtung des Nachlaufwegs weitere Einsparungspotentiale ermöglichen. Es

wird darüber hinaus beobachtet, dass die tatsächliche Geschwindigkeit einer Verfahrbewegung nur einen eher geringen Einfluss auf die Nachlaufzeit hat, während
sich der zugehörige Nachlaufweg bei geringen Geschwindigkeiten teils erheblich reduziert. Letzterer hat demnach großen Einfluss auf das Risikopotential,
wird jedoch bei der normativen Berechnungsmethode nach *EN ISO 13855* nicht
betrachtet. Aus diesem Grund soll im nachfolgenden Kapitel bei der Entwicklung
der erweiterten Methodik der Nachlaufweg ebenfalls berücksichtigt werden.

Außerdem zeigt sich, dass der tatsächliche Auslösepunkt[30] sowie der
Beschleunigungswert einen signifikanten Einfluss auf das Verhalten des Leichtbauroboters haben. So kann die Wahl der SPM-Position das Ergebnis des Nachlaufverhaltens einer Anwendung verfälschen. Dieses Verhalten kann aber auch
in Bezug auf die Eintrittswahrscheinlichkeit genutzt werden, da der maximale
Nachlauf nicht über die komplette Verfahrbewegung besteht.

Unbeantwortet bleibt allerdings noch, inwieweit die gesammelten Daten und
Informationen auch für Anwendungen mit anderen kinematischen Bauformen
oder Nutzlasten genutzt werden können. Diese Frage soll in Kapitel 7 bei der
Validierung aufgegriffen und beantwortet werden.

Die Reduzierung des Sicherheitsabstands bei beweglichen trennenden Schutzeinrichtungen kann dagegen zweigeteilt betrachtet werden. So kann der ermittelte
Wert von 160 Millisekunden bei jeder beliebigen Anwendung unabhängig
vom tatsächlich vorhandenen Risikopotential abgezogen werden und es ist
denkbar, den Sicherheitsabstand bei bestimmten Restgeschwindigkeiten, geometrischen Faktoren und Eintrittswahrscheinlichkeiten weiter zu reduzieren.
Zudem ist ersichtlich, dass weitere detailliertere Versuchsreihen zur Öffnungszeit von beweglichen trennenden Schutzeinrichtungen angestrebt werden sollten,
um weitere mögliche Einsparungen aufzuzeigen.

---

[30] SPM-Position.

Erweiterte Bewertungsmethodik für MRK-Anwendungen in Koexistenz

6

In diesem Kapitel wird die erweiterte Methodik zur einfachen Bewertung von Leichtbauroboter-Anwendungen in Koexistenz mit dem Schutzprinzip des sicherheitsbewerteten überwachten Halts entwickelt. Zuerst werden hierzu konkrete Anforderungen an die Methodik definiert, bevor diese ausgearbeitet und deren praktische Einsetzbarkeit beschrieben wird.

6.1 Anforderungen an die erweiterte Bewertungsmethodik

In der *EN ISO 12100*, wie auch in der *ISO/TR 14121-2*, befinden sich Anforderungen bezüglich der Instrumente zur Risikoeinschätzung. So müssen mindestens zwei Parameter betrachtet werden, welche die beiden Risikoelemente *Schadensausmaß* und *Eintrittswahrscheinlichkeit* widerspiegeln. Wie diese zwei Risikoelemente zusammenwirken und ob innerhalb der Risikoelemente noch eine detailliertere Betrachtung besteht, wird nicht beschrieben. Demnach ist es denkbar, zur einfacheren Bewertung der Risikoelemente weitere Unterelemente zu definieren.

Wie aus den Vorversuchen ersichtlich, stellen der *Nachlaufweg* beziehungsweise die tatsächliche Geschwindigkeit einer konkreten Verfahrbewegung einen erheblichen Einfluss auf das Risikopotential dar, weshalb diese innerhalb der erweiterten Methodik, beim Einschätzen des Schadensausmaßes, zusätzlich betrachtet werden sollen. Die *geometrischen Faktoren*, welche auf Grund ihrer Komplexität nur sehr schwer messbar sind, aber auch einen erheblichen Einfluss auf das tatsächliche Schadensausmaß darstellen, müssen ebenfalls innerhalb der erweiterten Bewertungsmethodik betrachtet werden.

© Der/die Autor(en), exklusiv lizenziert an Springer Fachmedien Wiesbaden GmbH, ein Teil von Springer Nature 2024
D. Pusch, *Risikobeurteilung von Mensch-Roboter-Koexistenz-Systemen*, BestMasters, https://doi.org/10.1007/978-3-658-43934-7_6

Zusätzlich soll mit der Durchführung der erweiterten Bewertungsmethodik der *Dokumentationspflicht* nachgekommen werden und Dritten die Möglichkeit der *Nachvollziehbarkeit* bieten. Darüber hinaus soll diese *systematisch anwendbar* sein und durch ihre *Einfachheit* überzeugen. Außerdem wird mit der erweiterten Bewertungsmethodik eine *prinzipielle Übertragbarkeit* auf andere Roboter-Anwendungen[1] angestrebt.

Abgrenzung

Die in diesem Kapitel entwickelte Bewertungsmethodik ist nur auf die durch das Leichtbaurobotersystem entstehenden mechanischen Gefährdungen[2] anwendbar. Weitere vorhandene Gefährdungen nach der Gefährdungsliste aus der *EN ISO 12100*, müssen über den regulären Prozess der Risikobeurteilung und -minderung identifiziert und betrachtet werden. Außerdem kann keine pauschale Aussage über eine mögliche Reduzierung des Sicherheitsabstands getroffen werden, da sich der Spezialisierungsgrad in Abhängigkeit der Anwendung deutlich unterscheiden kann. Die im zweiten Szenario des Versuchsaufbaus ermittelte Zeit für das Öffnen von beweglichen trennenden Schutzeinrichtungen ist nicht Bestandteil der erweiterten Bewertungsmethodik, da diese unabhängig der konkreten Anwendung zur Reduzierung der Nachlaufzeit genutzt werden kann.

6.2   Erweiterte Bewertungsmethodik in Form eines erweiterten Risikographen

In diesem Kapitel wird die erweiterte Bewertungsmethodik in Form eines erweiterten Risikographen vorgestellt. Hiermit soll eine Reduzierung des Sicherheitsabstands beim Einsatz technischer Schutzeinrichtungen durch eine differenzierte Betrachtung einzelner gefahrbringender Bewegungen eines Mensch-Roboter-Koexistenz-Systems möglich werden. Zunächst muss dafür das Schadensausmaß und die Eintrittswahrscheinlichkeit ermittelt werden, um anschließend das Risikopotential der Verfahrbewegung und die mögliche Reduzierung des Sicherheitsabstands aufzuzeigen.

---

[1] Andere kinematische Bauformen, unterschiedliche Nutzlasten.

[2] Beispielsweise Quetschen, Scheren, Stoßen, Erfassen, Einstich, Durchstich.

6.2.1   Schadensausmaß

Das Schadensausmaß stellt eines der zwei relevanten Risikoelemente dar und soll mit Hilfe weiterer Unterparameter bewertet werden. Ziel ist es, über die Betrachtung des Nachlaufwegs und der geometrischen Faktoren eine systematische Bewertung des Schadensausmaßes zu ermöglichen.

Nachlaufweg
Bezüglich des Nachlaufwegs einer Roboter-Anwendung konnte im Versuchsaufbau festgestellt werden, dass sich dieser zur abnehmenden Geschwindigkeit direkt proportional verringert und somit dieselbe Auswirkung auf eine gefahrbringende Bewegung abbildet. Sie ist leicht zu ermitteln und kann in Abhängigkeit der konkreten Verfahrbewegung angepasst werden, um ein anderes resultierendes Schadensausmaß zu erhalten. Aus diesem Grund wird im weiteren Verlauf die Geschwindigkeit als ausschlaggebender Parameter für den Nachlaufweg betrachtet. Eine Gegenüberstellung der Kategorisierung von Geschwindigkeit und Nachlaufweg zur Verdeutlichung des beschriebenen Verhaltens, ist Abbildung 6.1 zu entnehmen. Die aufgezeigten Werte und deren Einteilung wurden auf Grundlage der untersuchten Roboter-Anwendung[3] bestimmt. Bei Einsatz anderer Robotertypen oder signifikant abweichender Nutzlasten ist eine erneute Erhebung der spezifischen Parameter notwendig.

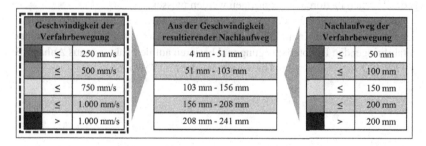

Geschwindigkeit der Verfahrbewegung		Aus der Geschwindigkeit resultierender Nachlaufweg	Nachlaufweg der Verfahrbewegung	
≤	250 mm/s	4 mm - 51 mm	≤	50 mm
≤	500 mm/s	51 mm - 103 mm	≤	100 mm
≤	750 mm/s	103 mm - 156 mm	≤	150 mm
≤	1.000 mm/s	156 mm - 208 mm	≤	200 mm
>	1.000 mm/s	208 mm - 241 mm	>	200 mm

Abbildung 6.1   Kategorisierung von Geschwindigkeit und Nachlaufweg. (Quelle: Eigene Darstellung)

---

[3] Versuchsaufbau mit UR3e Leichtbauroboter.

Die Geschwindigkeit der gefahrbringenden Bewegung, die für die Einschätzung des Schadensausmaßes herangezogen wird, entspricht dem maximalen Wert, der über die Bewegung erreicht wird. Wie beim Versuchsaufbau in Kapitel 5 festgestellt werden konnte, haben die Entfernung zum nächsten Wegepunkt sowie der eingestellte Beschleunigungswert Einfluss auf das Nachlaufverhalten des Leichtbauroboters. Die maximale Geschwindigkeit der Verfahrbewegung wird demnach nur für einen kurzen Moment erreicht, weshalb sich hieraus in Summe eine eher konservative Auslegung ergibt und die Abweichung der Kategorisierung vom Nachlaufweg von maximal 8 mm vernachlässigt werden kann.

Die Kontaktart, die ebenfalls eine erhebliche Auswirkung auf das resultierende Schadensausmaß hat, wird innerhalb der erweiterten Methodik erst zu einem späteren Zeitpunkt betrachtet. Der Grund dafür sind die konkret ermittelten Werte für die Geschwindigkeiten, bei denen ein Kontakt noch unterhalb der biomechanischen Grenzwerte liegt.

Geometrische Faktoren

Den zweiten Parameter für die Bestimmung des Schadensausmaßes der erweiterten Bewertungsmethodik bilden die geometrischen Faktoren der Roboter-Anwendung ab. Da diese nur schwer messbar sind, erfolgt hier eine Unterteilung in vier Kategorien[4]. Für die Zuteilung in eine dieser Kategorien sind im oberen Bereich der Abbildung 6.2 die zu betrachtenden Komponenten einer Roboter-Anwendung und im unteren Bereich die Eigenschaften dargestellt, die für die Einschätzung der geometrischen Faktoren herangezogen werden müssen.

Die in Abbildung 6.2 zu betrachtenden Komponenten und Eigenschaften orientieren sich an den in Kapitel 4.2.1 identifizierten relevanten Einflussgrößen einer gefahrbringenden Roboterbewegung und basieren auf den Faktoren aus Anhang B der *EN ISO 13855* sowie den Hinweisen aus der *ISO/TS 15066*.

---

[4] *Ungefährlich, eher ungefährlich, gefährlich, sehr gefährlich.*

Abbildung 6.2   Kategorisierung der geometrischen Faktoren. (Quelle: Eigene Darstellung)

Schadensausmaß-Matrix

Die Schadensausmaß-Matrix in Abbildung 6.3 führt die Parameter der Geschwindigkeit und der geometrischen Faktoren zu einem Wert, dem Schadensausmaß, zusammen und bildet die Grundlage des Risikoelements. In der Matrix sind die Abstufungen der verschiedenen Schadensausmaße grafisch über die Farbe von grün nach rot sowie durch die Kennzeichnung S1 bis S5 dargestellt.[5]

---

[5] Die Bezeichnung *S* steht für das englische *„Severity"* und wird analog zu der in den Normen bekannten Bezeichnung genutzt.

		Geometrische Faktoren			
		ungefährlich	eher ungefährlich	gefährlich	sehr gefährlich
Geschwindigkeit der Verfahrbewegung	≤ 250 mm/s	S1	S2	S3	S4
	≤ 500 mm/s	S1	S2	S3	S4
	≤ 750 mm/s	S1	S2	S4	S5
	≤ 1.000 mm/s	S1	S3	S4	S5
	> 1.000 mm/s	S2	S3	S5	S5

Abbildung 6.3 Schadensausmaß-Matrix für UR3e Leichtbauroboter. (Quelle: Eigene Darstellung)

In Tabelle 6.1 ist eine Aufschlüsselung zu den verschiedenen Schadensausmaßen gegeben, wobei das dargestellte leichte Schadensausmaß (S3) einem reversiblen Schaden (S1) und das schwerwiegende Schadensausmaß (S5) einem irreversiblen Schaden (S2) nach *EN ISO 13849* entspricht.

Tabelle 6.1 Beschreibung der unterschiedlichen Schadensausmaße

Schadensausmaß		
S1	Schmerzeintritt	Keine Verletzungen, nur gewisses Schmerzempfinden
S2	Geringfügig	Leichte Verletzungen, darunter Kratzer, Schrammen und kleinere Blutergüsse, die keine Aufmerksamkeit eines Arztes erfordern
S3	Leicht	Reversible Verletzungen, einschließlich leichter Schnittwunden und Blutergüsse, für welche die Aufmerksamkeit eines Arztes erforderlich sein könnten
S4	Ernsthaft	Schwere, aber reversible Verletzungen wie gebrochene Gliedmaßen oder leichte irreversible Verletzungen, die keine wesentliche Beeinträchtigung des normalen Lebens darstellen
S5	Schwerwiegend	Tödliche oder schwere irreversible Verletzungen, die zu einer dauerhaften Schädigung führen und das normale Leben erheblich beeinträchtigen können.

Quelle: Eigene Darstellung, Vgl. DIN ISO/TR 14121-2:2013-02, S. 23; DIN EN ISO 13849-1:2016-06, S. 63; DIN EN 62061:2016-05, S. 74; Soranno, et. al., Sick, 2019, S. 13.

6.2.2   Eintrittswahrscheinlichkeit des Schadens

Die Bewertung der Eintrittswahrscheinlichkeit eines Schadens muss nach *EN ISO 12100* und *ISO/TR 14121–2* die in Abbildung 6.4 dargestellten Aspekte betrachten.

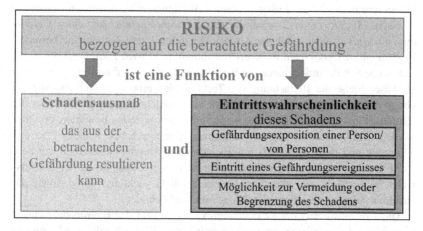

Abbildung 6.4 Risikoelement Eintrittswahrscheinlichkeit und zu betrachtende Aspekte. (Quelle: In Anlehnung an DIN EN ISO 12100:2011-03, S. 24)

Die drei rot markierten Elemente werden innerhalb der erweiterten Bewertungsmethodik herangezogen und auf die konkrete Betrachtungsweise für Mensch-Roboter-Koexistenz-Systeme angepasst. So erfolgt die Einschätzung der *Gefährdungsexposition* über die Betrachtung der notwendigen Eingriffe und der resultierenden durchschnittlichen Dauer des Eingriffs in die Roboter-Anwendung. Da sich Roboter und Mensch bei einem Mensch-Roboter-Koexistenz-System keinen gemeinsamen Arbeitsraum teilen, sind im Normalbetrieb keine geplanten Eingriffe vorgesehen. Ungeplante und nur unter bestimmten Umständen auftretende Eingriffe finden nach der Definition der *ISO/TR 14121-2* beispielsweise *selten* statt, wenn die Dauer des Eingreifens kumuliert weniger als 15 Minuten pro Arbeitsschicht entspricht.[6] An diesen Vorgaben orientieren sich die gewählten Abstufungen der einzelnen Elemente für die Eingriffshäufigkeit und die durchschnittliche Dauer eines Eingriffs.

---

[6] Vgl. DIN ISO/TR 14121-2:2013-02, S. 18.

Jedes Element erhält eine Gewichtungszahl, welche durch Addition die konkrete Gefährdungsexposition ermittelt. Diese gliedert sich wiederum in vier Kategorien[7] und enthält ebenfalls verschiedene Gewichtungszahlen, die später mit der Eintrittswahrscheinlichkeit eines Schadens verknüpft werden.

Die konkreten Elemente und Gewichtungszahlen, sowie der Zusammenhang zwischen den neuen Kategorien der Gefährdungsexposition und den normativen Kategorien nach *EN ISO 13849-1*, können Abbildung 6.5 entnommen werden.

Nach *ISO/TR 14121-2* wird die *Eintrittswahrscheinlichkeit eines Gefährdungsereignisses* über mögliche Ausfälle der eingesetzten Technologie bewertet. Unabhängig der konkreten Roboter-Anwendung wird nach *EN ISO 10218-2*[8] für technische Schutzeinrichtungen ein Performance Level von d notwendig, weshalb an dieser Stelle die Betrachtung der Technologie entfallen kann.[9] Aus diesem Grund soll die Eintrittswahrscheinlichkeit eines Gefährdungsereignisses über die Häufigkeit und die Dauer der identifizierten gefahrbringenden Bewegung ermittelt werden. Die konkreten Werte der einzelnen Elemente haben sich aus Praxiserfahrungen und dem Austausch mit Experten der Maschinensicherheit ergeben. In Abbildung 6.5 sind hierzu die zwei Parameter zur Einschätzung der Eintrittswahrscheinlichkeit, ihre einzelnen Elemente mit Gewichtungszahlen, sowie die aus ihrer Addition resultierenden Kategorien[10] abgebildet.

Die Ergebnisse aus der Gefährdungsexposition und der Eintrittswahrscheinlichkeit werden wiederum in einer gemeinsamen Wahrscheinlichkeit[11] zusammengefasst. Hierzu werden die beiden zuvor ermittelten Gewichtungszahlen der Gefährdungsexposition und der Eintrittswahrscheinlichkeit addiert und drei Wahrscheinlichkeits-Kategorien gebildet. Die Bezeichnung dieser drei Kategorien orientiert sich an denen der *ISO/TR 14121-2*.

Zur Bewertung der Eintrittswahrscheinlichkeit muss abschließend die *Möglichkeit zur Vermeidung oder Begrenzung des Schadens* bewertet werden. Diese besteht aus drei Kategorien[12], die sich von *möglich* über *unter bestimmten*

---

[7] *Sehr niedrig, niedrig, mittel, hoch.* Die Bezeichnung *F* steht für das englische „*Frequency"* und wird analog zu der in den Normen bekannten Bezeichnung genutzt.

[8] Vgl. DIN EN ISO 10218-1:2012-06, S. 17.

[9] Vgl. DIN ISO/TR 14121-2:2013-02, S. 18.

[10] *Niedrig, mittel, hoch.* Die Bezeichnung *O* steht für das englische „*Occurence"* und wird analog zu der in den Normen bekannten Bezeichnung genutzt.

[11] *Unwahrscheinlich, wahrscheinlich, sehr wahrscheinlich.* Die Bezeichnung *P* steht für das englische „*Probability"* und wird analog zu der in den Normen bekannten Bezeichnung genutzt.

[12] Die Bezeichnung A steht für das englische „*Avoidance"* und wird analog zu der in den Normen bekannten Bezeichnung genutzt.

Umständen bis hin zu *unmöglich* erstrecken. In Abbildung 6.5 sind die drei Kategorien im unteren rechten Bereich dargestellt.

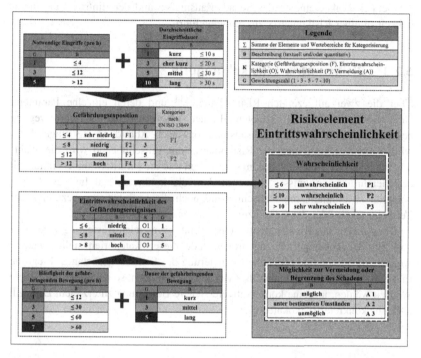

Abbildung 6.5 Risikoelement der Eintrittswahrscheinlichkeit der erweiterten Bewertungsmethodik. (Quelle: Eigene Darstellung, in Anlehnung an EN ISO 13849-1:2016-06, S. 61)

Die Geschwindigkeit und der damit einhergehende Nachlaufweg der gefahrbringenden Bewegung haben einen erheblichen Einfluss darauf, ob für die Bedienperson eine Möglichkeit zur Vermeidung besteht. Auch eine geringere Komplexität innerhalb des Prozesses begünstigt eine Vermeidung, da die Bewegungsbahn des Leichtbauroboters vorhersehbar ist und keine unerwarteten Bewegungen ausgeführt werden. Zudem spielt auch die Qualifikation des Personals für die Vermeidung oder Begrenzung des Schadens eine Rolle.

In der *EN ISO 12100* und in der *ISO/TR 14121-2* werden nützliche Hinweise aufgezeigt, die bei der Betrachtung der drei vorgestellten Unterkategorien[13] herangezogen werden können. In Abbildung 6.6 werden alle aufgezeigten Parameter der beiden Risikoelemente des Schadensausmaßes und der Eintrittswahrscheinlichkeit in einer Risikomatrix zusammengeführt.

6.2.3 Risikomatrix / Risikokategorie

Über die zwei aufgezeigten Risikoelemente[14] und deren einzelne Parameter kann nun das konkrete Risikopotential einer gefahrbringenden Verfahrbewegung bestimmt werden. Das Schadensausmaß, das nach Abbildung 6.3 eingeschätzt wird, stellt den Startpunkt der Risikomatrix dar. Anschließend wird die Wahrscheinlichkeit über die Gefährdungsexposition und die Eintrittswahrscheinlichkeit des Gefährdungsereignisses bestimmt. Um die konkrete Zahl für das Risikopotential zu erhalten, muss abschließend noch die Einschätzung bezüglich der Vermeidbarkeit oder der Begrenzung eines Schadens erfolgen.

Die Zahl für das Risikopotential einer gefahrbringenden Bewegung wird einer von fünf Risikokategorien zugeordnet. Jede dieser Kategorien stellt konkrete Anforderungen an eine mögliche Reduzierung des Sicherheitsabstands. Liegt die Einschätzung des Risikopotentials zwischen zwei Werten, so ist immer der höhere Wert zu wählen, um eine konservativere sichere Bewertung zu erzielen. Dies gilt auch für konkrete Risikokategorien.

---

[13] *Gefährdungsexposition, Eintrittswahrscheinlichkeit* des *Gefährdungsereignisses* und *Vermeidung oder Begrenzung des Schadens.*
[14] *Schadensausmaß* und *Eintrittswahrscheinlichkeit.*

Schadens-ausmaß (S)	Wahrschein-lichkeit (P)	Vermeidbarkeit (A)			Risikokategorie	
		A1	A2	A3		
S1	P1/P2/P3	0	0	0	I	gering
S2	P1/P2	0	0	1	II	eher gering
	P3	0	1	2		
S3	P1	1	2	3	III	mittel
	P2	2	3	4		
	P3	3	4	5		
S4	P1	4	5	6	IV	eher hoch
	P2	5	6	7		
	P3	6	7	8		
S5	P1	7	8	9	V	hoch
	P2/P3	8	9	10		

Abbildung 6.6　Risikomatrix der erweiterten Bewertungsmethodik. (Quelle: Eigene Darstellung, in Anlehnung an *Soranno, et. Al.,* Sick, 2019, S. 11)

An dieser Stelle werden nun auch die ermittelten Geschwindigkeitswerte für einen Kontakt[15] mit dem Leichtbauroboter innerhalb der biomechanischen Grenzwerte nach *ISO/TS 15066* herangezogen. Die nachfolgend beschriebenen Risikokategorien definieren das Vorgehen bezüglich einer möglichen Reduzierung. Des Weiteren gilt für alle Risikokategorien, dass die ermittelte Reduzierung des Sicherheitsabstands für eine konkrete Roboter-Anwendung auf Plausibilität überprüft und gegebenenfalls vergrößert werden muss, da die Methodik nicht jeden Spezialisierungsgrad in Abhängigkeit der Anwendung vollumfänglich betrachten kann.

Risikokategorie I
Fällt eine gefahrbringende Verfahrbewegung unter die Risikokategorie I, so kann die Nachlaufzeit für diese Bewegung bereits bei den ermittelten Geschwindigkeiten beendet werden. Die resultierende Nachlaufzeit aus dieser Messung ergibt dann den notwendigen Sicherheitsabstand. Ist die Geschwindigkeit der gefahrbringenden Bewegung kleiner als die ermittelte Geschwindigkeit, so ist der minimal mögliche Abstand von 100 mm[16] zu wählen.

---

[15] Transienter oder quasistatischer Kontakt.

[16] Mindestabstand, welcher durch die *EN ISO 13855* gefordert wird.

Risikokategorie II

Ähnlich wie bei Risikokategorie I kann hier der Abstand auf gleiche Weise reduziert werden, jedoch werden weitere ergänzende Schutzmaßnahmen, wie beispielsweise Benutzerinformationen, die auf die Gefährdung hinweisen[17], benötigt. Auch Schulung und Unterweisung des Bedienpersonals muss hier zusätzlich herangezogen werden. Außerdem muss bei einem Schadensausmaß von S3 ein zusätzlicher Sicherheitsabstand von 100 mm auf den ermittelten Sicherheitsabstand addiert werden.

Risikokategorie III

Bei dieser Risikokategorie ist eine Reduzierung unter bestimmten Umständen möglich, muss jedoch noch durch weitere detailliertere Messungen bestätigt werden. Vor allem die Flächenpressung muss hier detailliert betrachtet werden, da das zugehörige Schadensausmaß bereits gefährliche geometrische Faktoren enthalten kann. Diese sind über die erhobenen Daten in der Bewertung nicht vollständig abdeckbar.

Risikokategorie IV

Ähnlich wie bei Risikokategorie III kann bei konkretem Bedarf mittels Messungen eine Reduzierung geprüft werden. Eine Reduzierung ist eher unwahrscheinlich.

Risikokategorie V

Entspricht die zu betrachtende gefahrbringende Bewegung der Risikokategorie V, so ist der normativ ermittelte Sicherheitsabstand nach *EN ISO 13855* vollumfänglich einzuhalten. Aufgrund der vorhandenen Gefahr kann hier keine Reduktion des Sicherheitsabstands erfolgen.

6.3 Vorgehensmodell der erweiterten Bewertungsmethodik

In Abbildung 6.7 wird ein Vorgehensmodell aufgezeigt, welches Schritt für Schritt den Weg zu einer möglichen Reduzierung des Sicherheitsabstands beschreibt. Ein iteratives Durchlaufen des Vorgehensmodells ist möglich, sodass durch das Implementieren von Maßnahmen der gewünschte Sicherheitsabstand erzielt werden kann. Konkrete Maßnahmen zur Senkung des Risikopotentials einer gefahrbringenden Bewegung sind in Kapitel 7.4 aufgezeigt.

---

[17] Benutzerinformationen innerhalb der Betriebsanleitung oder Piktogramme an der Maschine selbst.

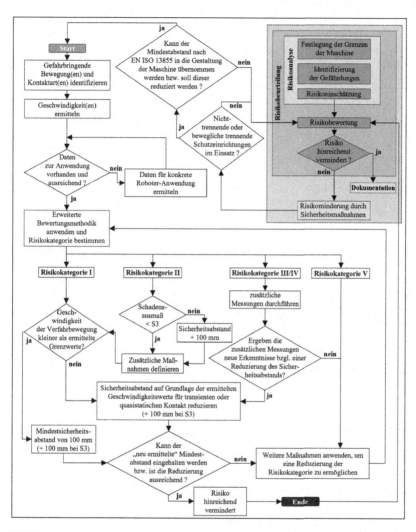

Abbildung 6.7 Vorgehensmodell zur erweiterten Bewertungsmethodik. (Quelle: Eigene Darstellung)

Validierung der erweiterten Bewertungsmethodik

7

In diesem Kapitel wird die entwickelte erweiterte Bewertungsmethodik anhand eines ausgewählten Anwendungsbeispiels aus dem Gerätewerk Erlangen der Siemens AG validiert. Des Weiteren wird mit der Erhebung neuer Daten die Übertragbarkeit bezüglich unterschiedlicher kinematischer Robotergrößen überprüft. Hierfür soll zuerst die betrachtete Roboterzelle vorgestellt und in einem zweiten Schritt die Erhebung der relevanten und notwendigen Daten für diese Anwendung vorgenommen werden. Die erhobenen Daten stellen den Ausgangspunkt für die durchzuführende Bewertung dar. Im Anschluss wird die mögliche Reduzierung dem normativen Sicherheitsabstand gegenübergestellt. Daraufhin werden konkrete Maßnahmen zur Senkung des Schadensausmaßes einer gefahrbringenden Roboterbewegung vorgestellt, um darüber eine weitere Reduzierung des Sicherheitsabstands zu ermöglichen. Abschließend erfolgt eine Zusammenfassung der gewonnenen Erkenntnisse.

7.1 Anwendungsbeispiel – reale Roboter-Anwendung

Für die Validierung der erweiterten Bewertungsmethodik wird eine bereits im Einsatz befindliche Roboter-Anwendung betrachtet. In der ausgewählten Roboterzelle selbst kommen drei Leichtbauroboter vom Typ UR10 zum Einsatz. Für die Validierung der Methodik wird jedoch nur der in Abbildung 7.1 dargestellte Roboter betrachtet. Innerhalb des elektronischen Zusatzmaterials befinden sich weitere grafische Darstellungen der Roboterzelle.

Ergänzende Information Die elektronische Version dieses Kapitels enthält Zusatzmaterial, auf das über folgenden Link zugegriffen werden kann https://doi.org/10.1007/978-3-658-43934-7_7.

Die Hauptaufgabe dieses Leichtbauroboters ist die Entnahme von Geräten aus den über das Transportband einfahrenden Werkstückträgern sowie die Vorsortierung auf einen der vorhandenen Rollenförderer. Hierfür ist am Leichtbauroboter ein Vakuum-Endeffektor (Sauggreifer) montiert, welcher die Geräte über Unterdruck handhaben kann. Um die Geräte auf den verschiedenen Rollenförderern zu platzieren, verfügt der Leichtbauroboter über einen größeren Arbeitsraum und ist deshalb auf einer elektrischen Linearachse montiert. Er erhält dadurch einen weiteren translatorischen Freiheitsgrad. Auf der Vorderseite der Roboter-Anwendung befindet sich ein Sicherheits-Lichtgitter, das bei einer Auslösung einen Schutzstopp am Leichtbauroboter aktiviert.

In den nachfolgenden Unterkapiteln soll der Sicherheitsabstand dieses Sicherheits-Lichtgitters mit Hilfe der erweiterten Bewertungsmethodik näher untersucht und eine mögliche Reduzierung des Sicherheitsabstands evaluiert werden.

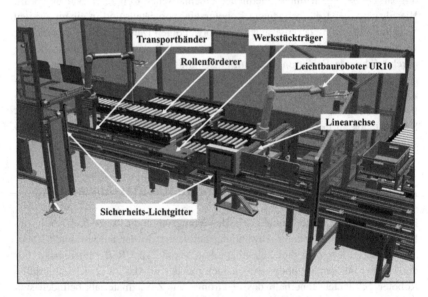

Abbildung 7.1 Beispiel Roboteranwendung für die Validierung der erweiterten Bewertungsmethodik. (Quelle: Eigene Darstellung)

7.2 Relevante Daten des Anwendungsbeispiels

Da es sich bei der Beispielanwendung um eine größere kinematische Bauform als im Versuchsaufbau handelt, erfordert dies zunächst eine Erfassung der relevanten Daten. Zu diesen Informationen zählt vor allem das Verhalten des Leichtbauroboters bezüglich des Nachlaufwegs in Abhängigkeit unterschiedlicher Geschwindigkeitswerte, da diese für die Schadensausmaß-Matrix benötigt werden. Des Weiteren müssen die Geschwindigkeiten ermittelt werden, bei denen ein transienter und quasistatischer Kontakt mit dem Robotersystem noch innerhalb der biomechanischen Grenzwerte der *ISO/TS 15066* liegt. Für die Erfassung der Daten wird ähnlich wie beim Versuchsaufbau in Kapitel 5 vorgegangen.

Da diese Roboter-Anwendung bereits im Einsatz ist, werden die Messungen nicht über einen externen Sicherheits-Sensor, wie in Kapitel 5 aufgezeigt, durchgeführt, sondern am tatsächlich vorhandenen Sicherheits-Lichtgitter. Es werden pro Messpunkt vier Wiederholungsmessungen erhoben, um die Reaktionszeit des Sicherheits-Lichtgitters und die Verarbeitungszeit innerhalb der externen Sicherheitssteuerung zu betrachten.

Zuerst wird eine lineare Bewegung des Leichtbauroboters ermittelt, die bezüglich der Geschwindigkeit ein möglichst konstantes Plateau aufweist. Anschließend wird für diese Bewegung die SPM-Position mit dem längsten Nachlaufweg ermittelt. Für die Bestimmung werden nicht nur der Leichtbauroboter inklusive Endeffektor, sondern auch eine mögliche Veränderung der Werte durch eine Nutzlast[1] betrachtet.

Bei den durchgeführten Messungen konnte ein kleiner Effekt der Nutzlast auf den Nachlaufweg des Leichtbauroboters und, über die gesamte Messreihe, eine maximale Abweichung des Nachlaufwegs von 11 mm festgestellt werden. In den meisten Fällen war der Nachlaufweg bei der Konstellation mit dem Gerät am Endeffektor kürzer als bei den Messungen ohne Gerät. Da die Verfahrbewegung, bei der sich ein Gerät am Endeffektor befindet, im Normalfall ein größeres Risikopotential darstellt, die maximale Abweichung allerdings als gering eingestuft werden kann, wird diese Abweichung im weiteren Verlauf vernachlässigt.

Mit Hilfe der optimalen SPM-Position werden anschließend die Messungen für den Nachlaufweg bei unterschiedlichen Geschwindigkeitswerten durchgeführt. In Abbildung 7.2 sind die Ergebnisse des Leichtbauroboters aus der betrachteten Beispielanwendung für die Konstellation ohne Gerät (1 kg Nutzlast) und mit Gerät (10 kg Nutzlast) den erhobenen Daten aus dem Versuchsaufbau gegenübergestellt. Die hier erkennbaren Abweichungen sind auf die zusätzlichen bei der Abschaltung betroffenen Komponenten zurückzuführen und bewegen sich relativ nahe an denen aus dem Versuchsaufbau.

---

[1] Gerät am Endeffektor.

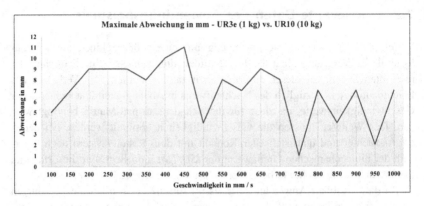

Abbildung 7.2 Abweichung des Nachlaufwegs bei unterschiedlichen kinematischen Bauformen. (Quelle: Eigene Darstellung)

Da sich unabhängig von der kinematischen Bauform und der tatsächlichen Nutzlast des Leichtbauroboters ein sehr ähnliches Verhalten bei einem ausgelösten Stopp zeigt, muss die in Abschnitt 6.2.1 aufgezeigte Schadensausmaß-Matrix für die betrachtete Beispiel-Anwendung nicht angepasst werden. Für zukünftige Betrachtungen kann die Erhebung dieser zusätzlichen Daten entfallen, erfordert jedoch die Bestätigung durch weitere Messungen an realen Roboter-Anwendungen.

Bei einem Eingriff in die Beispielanwendung ist vor allem eine Kontaktsituation mit den Fingern und/oder Händen am wahrscheinlichsten. Aus diesem Grund werden für die nachfolgende Erhebung der notwendigen Daten die biomechanischen Grenzwerte aus der *ISO/TS 15066* für diese Körperteile angenommen.[2] Für die abschließenden Messungen zu den Geschwindigkeiten, ergeben sich demnach die in Abbildung 7.3 dargestellten Ergebnisse für die zwei Konstellationen der Nutzlast[3].

Es zeigt sich, dass die Geschwindigkeiten bei der Konstellation mit dem Gerät am Endeffektor höher ausfallen als bei der Variante ohne Gerät am Endeffektor. Dies kann vor allem auf die Art der physikalischen Schnittstelle zwischen Endeffektor und Gerät zurückgeführt werden. Da der Einsatz von Saugnäpfen ein Verschieben des Gerätes am Endeffektor ermöglicht, erhöht sich damit die Krafteinwirkung an der Kontaktstelle mit dem Kraftmessgerät nicht weiter. Bei

---

[2] 280 N für transienten Kontakt, 140 N für quasistatischen Kontakt.

[3] 1 kg Nutzlast – 10 kg Nutzlast.

der Beispielanwendung wird die Erhebung der Daten bei den in Abbildung 7.3 dargestellten Wert beendet. Es ist jedoch denkbar, dass die Geschwindigkeit noch weiter ansteigt, bevor der Grenzwert von 280 N erreicht wird. Zudem muss unbedingt darauf geachtet werden, dass sich das Gerät durch die Krafteinwirkung nicht vom Endeffektor löst, da sich sonst neue Gefährdungen ergeben können.

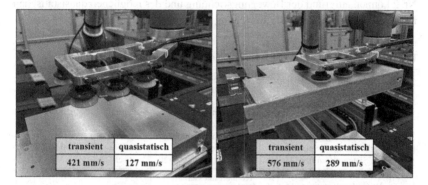

Abbildung 7.3 Geschwindigkeitswerte für Kontakt mit Endeffektor und Werkstück[4]. (Quelle: Eigene Darstellung)

7.3   Erweiterte Bewertungsmethodik anwenden

Zuerst müssen die gefahrbringenden Bewegungen, deren Kontaktarten und Geschwindigkeiten identifiziert werden. Anschließend erfolgt die Ermittlung der Risikoelemente[5], um die jeweilige Risikokategorie der gefahrbringenden Bewegung über die Risikomatrix zu bestimmen.

---

[4] Die dargestellten Zahlenwerte der Geschwindigkeiten wurden auf die nächste ganze Zahl abgerundet.

[5] Schadensausmaß, Wahrscheinlichkeit und Möglichkeit der Vermeidung oder Begrenzung eines Schadens.

7.3.1 Gefahrbringende Bewegungen und Kontaktarten identifizieren

Die identifizierten gefahrbringenden Bewegungen sind in Tabelle 7.1 dargestellt. Zur besseren Übersicht wird im weiteren Verlauf nur noch auf die dargestellten Nummern[6] der einzelnen Bewegung verwiesen. Die Bewegungen Nr. 1 und Nr. 2 können aufgrund der Bewegungsrichtung und des möglichen quasistatischen Kontakts als gefahrbringende Bewegung angenommen werden.

Tabelle 7.1 Beispielanwendung – Gefahrbringende Bewegungen identifizieren[7]

Gefahrbringende Bewegungen				
Nr.	Beschreibung	Kontaktpunkt	Kontaktart	Geschwindigkeit
1	Anfahrt zu definiertem Punkt über Greifpunkt	Kontakt mit Endeffektor	transient	650 mm/s
2	Abwärtsbewegung auf das Gerät, um den Kontakt mit den Sauggreifern herzustellen	Kontakt mit Endeffektor oder zwischen Endeffektor und Gerät	transient/ quasista-tisch	150 mm/s
(3)	Aufwärtsbewegung mit Gerät am Endeffektor	Kontakt mit Gerät (3.1)	transient	150 mm/s
		Kontakt mit Endeffektor (3.2)		
(4)	Bewegung in die Anwendung hinein, Gerät am Endeffektor zur Vorsortierung auf die Rollenförderer	Kontakt mit Gerät (4.1)	transient	750 mm/s
		Kontakt mit Endeffektor (4.2)		

Quelle: Eigene Darstellung

Die Bewegungen Nr. 3 und Nr. 4 sind entsprechend der vorhandenen Bewegungsrichtung und Kontaktart als unkritisch anzusehen. Sie werden bei der Validierung trotzdem betrachtet, um neben dem Endeffektor auch den Einfluss des handzuhabenden Werkstücks bezüglich der Einschätzung von geometrischen Faktoren aufzuzeigen. Bei Bewegung Nr. 3 lässt sich auf Grund der geringen Geschwindigkeit in Verbindung mit der möglichen Kontaktart auf eine nicht gefahrbringende Bewegung schließen. Des Weiteren würde eine Verletzung bei einem Kontakt, wegen der Aufwärtsbewegung des Leichtbauroboters, nur über die Eingreifdynamik des Bedienpersonals erfolgen.

---

[6] Im weiteren Verlauf der Arbeit mit Nr. abgekürzt.

[7] Die aufgezeigten Geschwindigkeiten der einzelnen Verfahrbewegungen werden auf den nächsthöheren Wert in 50 mm/s Schritten aufgerundet.

Bei Bewegung Nr. 4 bewegt sich der Roboter entgegen der Eingreifrichtung des Bedienpersonals, weshalb auch hier eine mögliche Verletzung nur über die Eingreifdynamik ausgelöst werden kann. Die höhere Geschwindigkeit in der Bewegung hat an dieser Stelle keine Relevanz, da das zugehörige Nachlaufverhalten in die Roboter-Anwendung hinein und weg vom Bedienpersonal geht. Wie der Tabelle 7.1 zu entnehmen ist, existieren bei den Bewegungen Nr. 3 und Nr. 4 zwei verschiedene Kontaktpunkte[8].

In Abbildung 7.4 sind die gefahrbringenden Verfahrbewegungen Nr. 1 und Nr. 2 des Leichtbauroboters mit Hilfe eines Hüllvolumens dargestellt.

Abbildung 7.4 Hüllvolumen der gefahrbringenden Bewegungen Nr. 1 und Nr. 2. (Quelle: Eigene Darstellung)

7.3.2 Bestimmung des Schadensausmaßes

Das Schadensausmaß wird, wie in Abschnitt 6.2.1 aufgezeigt, über die Schadensausmaß-Matrix bestimmt. Da die Geschwindigkeitswerte für die einzelnen identifizierten Verfahrbewegungen bereits vorhanden sind, fehlt an dieser Stelle noch die Betrachtung und Kategorisierung der geometrischen Faktoren. Hierfür ist in Abbildung 7.5 der vorhandene Endeffektor und ein Gerät mit ausgewählten Geometrien grafisch dargestellt.

---

[8] Kontakt mit Gerät (3.1/4.1) / Kontakt mit Endeffektor (3.2/4.2).

Der Endeffektor entspricht dabei einer *eher ungefährlichen* Geometrie, was vor allem daran liegt, dass keine scharfen Kanten oder Ecken vorhanden sind und die Kontaktflächen im Allgemeinen als flächig angesehen werden können. Das handzuhabende Gerät ist auf Grund der teils kleinen Kontaktflächen (Nr. 1 in Abbildung 7.5) und durch das hohe Gewicht allerdings als *gefährlich* einzuschätzen. Würden sich hier noch zusätzlich gefährliche scharfe Kanten, Ecken oder Spitzen befinden, so müsste die Kategorisierung des geometrischen Faktors auf *sehr gefährlich* ansteigen.

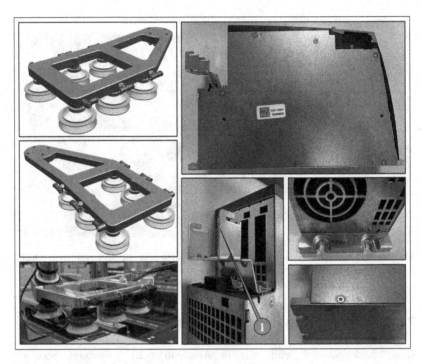

Abbildung 7.5 Endeffektor und Werkstück für Bewertung der geometrischen Faktoren. (Quelle: Eigene Darstellung)

Nach Anwendung der Schadensausmaß-Matrix ergibt sich für die ersten zwei gefahrbringenden Bewegungen ein Schadensausmaß von S2 (geringfügig). Der dritten Bewegung kann ein Schadensausmaß von S3 (leicht) zugeordnet werden, was trotz des gefährlichen geometrischen Faktors vor allem an der geringen

Geschwindigkeit von 150 mm/s liegt. Das größte Schadensausmaß von S4 (ernsthaft) der vierten Bewegung ist auf die hohe Geschwindigkeit und den gefährlichen geometrischen Faktor des Geräts zurückzuführen.

Da bei der Bestimmung des Schadensausmaßes über die Schadensausmaß-Matrix keine Betrachtung der Bewegungsrichtung stattfindet, wird bei Bewegung Nr. 3 und Nr. 4 jeweils von einer Bewegung auf das Bedienpersonal zu ausgegangen. Um diese Fehlinterpretation zu verhindern, muss die Betrachtung der Bewegungsrichtung, wie bereits beschrieben, zu Beginn bei der Identifizierung erfolgen (Tabelle 7.1).

Tabelle 7.2 Beispielanwendung – Schadensausmaß bewerten

Nr.	Geschwin-digkeit	Schadensausmaß		Schadens-ausmaß
		Geometrische Faktoren		
		Beschreibung	Kategorie	
1	650 mm/s		2 (eher ungefährlich)	S2
2	150 mm/s	Keine scharfen Kanten, Ecken oder Spitzen vorhanden, dazu relativ flächige Konturen	2 (eher ungefährlich)	S2
3.2	150 mm/s		2 (eher ungefährlich)	S2
4.2	750 mm/s		2 (eher ungefährlich)	S2
3.1	150 mm/s	Keine scharfen Kanten, Ecken oder Spitzen vorhanden, dafür aber teilweise sehr kleine Flächen, hohes Gewicht	3 (gefährlich)	S3
4.1	750 mm/s		3 (gefährlich)	S4

Quelle: Eigene Darstellung

7.3.3 Bewertung der Eintrittswahrscheinlichkeit

Um abschließend die Risikokategorie sowie die Möglichkeit einer Reduzierung des Sicherheitsabstands zu ermitteln, müssen zuvor die verschiedenen Wahrscheinlichkeiten bestimmt werden. In Tabelle 7.3 erfolgt deshalb eine Untergliederung in die vier identifizierten gefahrbringenden Bewegungen. Die Gefährdungsexposition ist für alle beschriebenen Bewegungen gleich. Die Eintrittswahrscheinlichkeit eines Gefährdungsereignisses sowie die Möglichkeit der Vermeidung oder der Begrenzung eines Schadens kann sich allerdings in Abhängigkeit der Dauer der gefahrbringenden Bewegung, der Geschwindigkeit und der Bewegungsrichtung unterscheiden.

Die Eintrittswahrscheinlichkeit des Gefährdungsereignisses ist für die Bewegungen Nr. 1 und Nr. 4 mit *mittel* zu bewerten, da die Dauer der Bewegung im Vergleich zu den anderen beiden Bewegungen weder als *kurz* noch als *lang* anzusehen ist. Bei der Möglichkeit der Vermeidung oder der Begrenzung eines Schadens kann bei Bewegung Nr. 3 und Nr. 4 *möglich* ausgewählt werden, was an der Bewegungsrichtung nach oben und der geringen Geschwindigkeit sowie an der Bewegungsrichtung in die Roboterzelle hinein liegt. Die Bewegung Nr. 1 kann auf Grund der Bewegungsrichtung und Nr. 2 bezüglich der Kontaktart *unter bestimmten Umständen* vermieden werden.

Tabelle 7.3 Beispielanwendung – Wahrscheinlichkeiten bewerten

	Wahrscheinlichkeiten			
Nr.	Gefährdungs-exposition	Eintrittswahr-scheinlichkeit	resultierende Wahrscheinlichkeit	Vermeidung
1	F1	O2	P1	A2
2	F1	O1	P1	A2
3.1	F1	O1	P1	A1
3.2	F1	O1	P1	A1
4.1	F1	O2	P1	A1
4.2	F1	O2	P1	A1

Quelle: Eigene Darstellung

7.3.4   Risikokategorie bestimmen

Für die identifizierten gefahrbringenden Bewegungen findet anschließend mit den zuvor eingeschätzten Risikoelementen die Ermittlung der jeweiligen Risikokategorie statt. In Tabelle 7.4 sind diese für die vier Bewegungen mit den notwendigen Daten dargestellt.

Tabelle 7.4 Beispielanwendung – Risikokategorie bestimmen

Nr.	Risikokategorie						
	Geschwin-digkeit	Geometri-sche Faktoren	Schadens-ausmaß	Wahrschein-lichkeit	Vermei-dung	Risiko-zahl	Risiko-kategorie
1	650 mm/s	2	S2	P1	A2	0	I
2	150 mm/s	2	S2	P1	A2	0	I
3.1	150 mm/s	3	S3	P1	A1	1	II
3.2	150 mm/s	2	S2	P1	A1	0	I
4.1	750 mm/s	3	S4	P1	A1	4	III
4.2	750 mm/s	2	S2	P1	A1	0	I

Quelle: Eigene Darstellung

Es zeigt sich, dass es an dieser Stelle bereits möglich ist, den Sicherheitsabstand der gefahrbringenden Bewegungen Nr. 1, Nr. 2, Nr. 3.1 und Nr. 4.2 aufgrund
der ermittelten Geschwindigkeitswerte[9] zu reduzieren. Für die gefahrbringende
Bewegung Nr. 3.2 müssen vor einer Reduzierung des Sicherheitsabstands zusätzliche Maßnahmen wie Benutzerinformationen und/oder Schulung/Unterweisung
getroffen werden. Der Sicherheitsabstand der gefahrbringende Bewegung Nr. 4.1
kann zunächst nicht reduziert werden. Hierzu müssen zusätzliche, detailliertere
Messungen durchgeführt werden.

Wie dem Vorgehensmodell in Abschnitt 6.3 zu entnehmen ist, besteht die
Möglichkeit die Risikokategorie durch den Einsatz von weiteren Maßnahmen
zu senken. Eine Option ist, die Geschwindigkeit der Bewegung Nr. 4.1 auf
unter 500 mm/s zu verringern, um das Schadensausmaß auf S3 zu reduzieren.
Dadurch ergibt sich eine neue Risikozahl von 1 und demnach die Risikokategorie II (eher gering). Diese ermöglicht eine Reduzierung des Sicherheitsabstands,
ohne weitere Messungen durchführen zu müssen. Auf den neu errechneten Wert
des Sicherheitsabstands müssen lediglich 100 mm aufaddiert werden. Weitere
Maßnahmen, welche zur Senkung der Risikokategorie beitragen können, finden
sich im nachfolgenden Unterkapitel.

---

[9] Vgl. Abbildung 7.3.

7.3.5   Ergebnis der erweiterten Bewertungsmethodik

In diesem Kapitel werden die erzielten Ergebnisse, welche sich über die Durchführung der erweiterten Bewertungsmethodik ergeben, dem normativen Sicherheitsabstand nach *EN ISO 13855* in Tabelle 7.5 gegenübergestellt.

Für die zwei identifizierten gefahrbringenden Bewegungen und die zusätzlich betrachtete Bewegung Nr. 3 kann ein neuer Sicherheitsabstand, anhand der in Kapitel 6 aufgezeigten erweiterten Bewertungsmethodik, problemlos ermittelt und reduziert werden. Aufgrund des Schadensausmaßes von S4 und den fehlenden detaillierteren Messungen für die Bewegung Nr. 4, wird die Geschwindigkeit dieser Bewegung von 750 mm/s auf 500 mm/s gesenkt.

Dadurch ändert sich das Schadensausmaß von S4 (ernsthaft) zu S3 (leicht) und ermöglicht eine Senkung der Risikokategorie und damit eine Reduzierung des Sicherheitsabstands auch ohne weitere Messungen.

Die Bewegung mit dem größten durch die erweiterte Bewertungsmethode ermittelten Sicherheitsabstand wird genutzt, um das Sicherheits-Lichtgitter auf die korrekte Position zu setzen. Für diese Anwendung liegt der Mindestabstand bei 283 mm und muss unbedingt eingehalten werden. Trotz alledem werden alle dargestellten Bewegungen betrachtet, bewertet und deren mögliche Reduzierung des Sicherheitsabstands aufgezeigt.

Tabelle 7.5 Ergebnisse der erweiterten Bewertungsmethodik für das betrachtete Anwendungsbeispiel[10]

Nr.	Risiko-zahl	Risiko-kategorie	Normativer Sicherheitsabstand	Neu ermittelter Sicherheitsabstand
1	0	I	732 mm	**283 mm**
2	0	I	684 mm	240 mm
Nachfolgend dargestellte Bewegungen besitzen kein besonderes Gefährdungspotential, weshalb diese nicht gefahrbringenden Bewegungen entsprechen. Vgl. hierzu Kapitel 7.3.1.				
3.1	1	II	698 mm	100 mm (Mindestabstand möglich)
3.2	0	I	698 mm	100 mm (Mindestabstand möglich)
4.1	4	III	746 mm	Keine Berechnung möglich, da weitere detailliertere Messungen fehlen
4.2	0	I	746 mm	314 mm
Die Geschwindigkeit der Bewegung Nr. 4 wird, wie beschrieben, von 750 mm/s auf 500 mm/s reduziert.				
4.1	1	II	714 mm	200 mm (Mindestabstand + 100 mm wegen Schadensausmaß von S3)
4.2	0	I	714 mm	201 mm

Quelle: Eigene Darstellung

Wie der Abbildung 7.6 zu entnehmen ist, besteht an der Roboter-Anwendung zum jetzigen Zeitpunkt[11] ein Sicherheitsabstand von 450 mm, welcher den normativen Sicherheitsabstand (746 mm) unterschreitet. Durch Anwendung der erweiterten Bewertungsmethodik kann allerdings aufgezeigt werden, dass dies unproblematisch ist, da der neu ermittelte Wert mit 283 mm noch deutlich geringer ausfällt.

---

[10] Die dargestellten Zahlenwerte des Sicherheitsabstands sind auf die nächste ganze Zahl aufgerundet.

[11] Tatsächlicher Zustand der Roboter-Anwendung vor Ort.

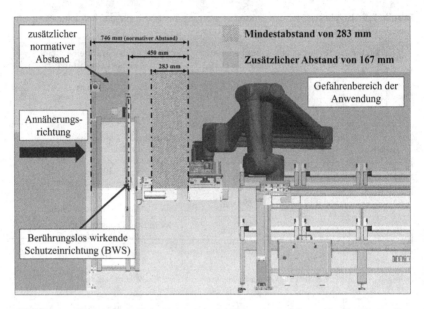

Abbildung 7.6   Sicherheitsabstand der Beispiel-Roboteranwendung. (Quelle: Eigene Darstellung)

7.4   Konkrete Maßnahmen zur Risikominderung

In diesem Kapitel wird auf konkrete Maßnahmen zur Senkung des vorhandenen Schadensausmaßes einer gefahrbringenden Bewegung und damit einhergehender Reduktion des Sicherheitsabstands eingegangen.

Die einfachste Maßnahme stellt die Reduzierung der Geschwindigkeit dar. Dies ist jedoch nur umsetzbar, wenn die Roboter-Anwendung bezüglich ihrer Taktzeit nicht auf diese Geschwindigkeit angewiesen ist.

Eine weitere Möglichkeit wäre, die geometrischen Faktoren, die mit Hilfe von zusätzlich angebrachten Komponenten, wie beispielsweise 3D-Druckteilen, so abzuschwächen, dass keine gefährlichen Kanten, Ecken oder Spitzen mehr vorhanden und mögliche Kollisionsflächen bei einem Kontakt vergrößert sind. Aus diesem Grund sollten bereits in einer frühen Entwicklungsphase mögliche Kontaktstellen identifiziert und geeignete Kollisionsflächen integriert werden, um eine etwaig auftretende Flächenpressung zu reduzieren. Hieraus kann sich die

Problematik ergeben, dass die Anwendungen anschließend nicht mehr für alle vorgesehenen Produkte oder entsprechend flexibel eingesetzt werden können. Auch könnte die Verfahrbewegung bei einem gefährlichen oder sehr gefährlichen geometrischen Faktor so defensiv ausgelegt werden, dass die Geometrien nicht auf dem direkten Eingreifweg liegen. Wenn die Richtung der gefahrbringenden Bewegung kein zusätzliches Gefährdungspotential darstellt, ist es vorstellbar, den geometrischen Faktor um eine Stufe zu reduzieren. So ist eine Bewegung entlang der Z-Achse[12] des Leichtbauroboters im Allgemeinen unkritisch, falls die Kontaktstelle nicht direkt an der gefährlichen Geometrie besteht. Darüber hinaus sind Verletzungen bei einer Verfahrbewegung in die Anwendung hinein, ausschließlich auf die Eingreifdynamik des Bedienpersonals zurückzuführen.

Auch können vorhandene quasistatische Kontakte durch eine angepasste Bahnplanung vollumfänglich vermieden werden, indem die definierten Mindestabstände für die Vermeidung des Quetschens von Körperteilen aus der *EN ISO 13854* herangezogen und umgesetzt werden.

Eine abschließende Maßnahme stellt die Optimierung der Zykluszeit, der externen Sicherheitssteuerung und die damit einhergehende Verkürzung der Gesamt-Nachlaufzeit dar. Diese haben zwar keine direkte Auswirkung auf die erweiterte Methodik in Form einer Reduzierung der Risikokategorie, jedoch werden hierdurch die grundlegenden Werte, auf deren Basis die Sicherheitsabstände bestimmt werden, reduziert. An der vorgestellten Beispiel-Anwendung aus dem Gerätewerk Erlangen zeigt sich, dass durch eine Optimierung der Programmierung die Verarbeitungszeit der Sicherheitssteuerung von 100 ms auf ein Minimum von 8 ms reduziert werden kann. Daraus ergibt sich eine Reduktion der Gesamt-Nachlaufzeit um 92 ms, was nach dem Berechnungsschema der *EN ISO 13855* einer Einsparung von 184 mm entspricht. Die aufgezeigten Messungen bei Abschnitt 7.2 sind bereits mit dieser Anpassung durchgeführt, weshalb die Abweichungen so gering ausfallen.

Darüber hinaus kann mit demselben Prinzip das Sicherheits-Lichtgitter direkt an der Robotersteuerung angeschlossen werden, was die Verarbeitungszeit der externen Steuerung komplett eliminiert. Bei dieser Variante muss jedoch beachtet werden, dass eventuelle weitere gefahrbringende Aktoren innerhalb der Roboter-Anwendung vorhanden sind und diese ebenfalls durch das Sicherheits-Lichtgitter abgeschaltet werden müssen.

Diese aufgezeigten Maßnahmen stellen nur eine Auswahl zur Reduzierung der Risikokategorie dar und können beliebig erweitert oder miteinander kombiniert werden.

---

[12] Auf- und Abwärtsbewegung.

7.5 Ergebnisse und Diskussion

Durch die neuen Daten aus der Beispiel-Anwendung kann festgestellt werden, dass das Nachlaufverhalten der Leichtbauroboter von Universal Robots unabhängig der tatsächlichen kinematischen Bauform ist. Des Weiteren zeigt sich, dass die höheren beweglichen Massen eher geringe bis keine Auswirkungen auf das Nachlaufverhalten des Leichtbauroboters haben.

Folglich besitzt die in Abschnitt 6.2 vorgestellte erweiterte Bewertungsmethodik auch für andere kinematische Bauformen eine gewisse Übertragbarkeit. Zudem kann die aufgezeigte Schadensausmaß-Matrix, wie in Abschnitt 6.2.1 vorgestellt, auch für größere Bauformen und Nutzlasten verwendet werden.

Wie bereits angenommen, haben die tatsächlichen beweglichen Massen einer Roboter-Anwendung jedoch einen erheblichen Einfluss auf die Geschwindigkeiten, bei denen ein Kontakt noch innerhalb der biomechanischen Grenzwerte nach *ISO/TS 15066* liegt. Die Erhebung der Geschwindigkeitswerte muss demnach anwendungsspezifisch erfolgen. Existieren hier allerdings vergleichbare Daten, so ist es denkbar, jene zu übernehmen. Die Gültigkeit der erweiterten Bewertungsmethodik ist durch weitere konkrete Anwendungen zu verifizieren und gegebenenfalls zu erweitern.

Zudem kann bei den Kraftmessungen für die zwei Kontaktarten festgestellt werden, dass der Einfluss der physikalischen Schnittstelle zwischen Endeffektor und Werkstück teils erheblich ist. Hieraus resultieren höhere Geschwindigkeitswerte, welche noch als sicher verifiziert werden können. In Abhängigkeit des Gewichts des Werkstücks besteht somit die Chance, den Sicherheitsabstand weiter zu reduzieren, solange ein mögliches Lösen aufgrund der entstehenden Kräfte ausgeschlossen werden kann. Aus diesem Grund müssen die Art und Weise der Schnittstelle zwischen Werkstück und Manipulator in die Betrachtung der geometrischen Faktoren mit eingebunden werden.

Mit Hilfe der erweiterten Bewertungsmethodik und der detaillierteren Betrachtung der zwei Risikoelemente ist es möglich, eine gefahrbringende Bewegung detaillierter zu analysieren und auf dieser Grundlage einer Reduzierung des Sicherheitsabstands zu veranlassen. Durch Dokumentation in Tabellenform, wie sie in Abschnitt 7.3 für die Beispielanwendung zu sehen ist, besteht die Möglichkeit, die getroffenen Entscheidungen für Dritte nachvollziehbar zu machen.

Für Roboter-Anwendungen, die *ungefährliche* oder *eher ungefährliche* geometrische Faktoren aufweisen, kann die aufgezeigte Methodik den Sicherheitsabstand erheblich reduzieren. Für *gefährliche* oder sogar *sehr gefährliche* geometrische Faktoren müssen zuerst weiterführende detailliertere Messungen und Versuche an der Roboter-Anwendung durchgeführt werden, um Daten für die auftretende Flächenpressung zu erhalten. Hieraus lässt sich schlussfolgern, dass das in der *EN ISO 13855* enthaltene Berechnungsschema für Anwendungen, welche keine gefährlichen geometrischen Faktoren aufweisen, viel zu konservativ ausgelegt ist. Sind hingegen gefährliche Geometrien vorhanden, ist es unabhängig des eingesetzten Roboters nicht möglich, den Sicherheitsabstand zu verkürzen.

Das größte Problem bleibt demnach die Betrachtung der geometrischen Faktoren. Mit dem aktuellen biofidelen Messverfahren nach *ISO/TS 15066* und der *DGUV-Information FB HM-080* ist es durch die auftretende Punktbelastung an den Druckmessfolien nicht möglich, die Realität korrekt abzubilden.

Um den Aufwand bei zukünftigen Messungen zu reduzieren, ist es sinnvoll, anstatt der tatsächlichen Hardware, die den Schutzstopp am Leichtbauroboter auslöst, einen, wie in Kapitel 5 beim Versuchsaufbau beschriebenen, externen Sicherheitssensor direkt an der Robotersteuerung zu verwenden. Des Weiteren müssen bereits in einer frühen Konstruktionsphase eine Position für den Seilzugmessgeber innerhalb der Roboter-Anwendung eingeplant sowie eine universelle Aufnahme für das Kraftmessgerät konstruiert werden, um zusätzliche Montageaufwände zu reduzieren. Auch für etwaige durchzuführende Wiederholungsmessungen sind diese von Vorteil.

Da die Durchführung der erweiterten Bewertungsmethodik, vor allem aber die Erhebung der notwendigen Daten für die Bewertung selbst, mit hohem Aufwand verbunden sind, ist die Anwendung nur sinnvoll, wenn für die zu betrachtende Roboter-Anwendung eine Reduzierung des Sicherheitsabstands absolut notwendig ist.

Zusammenfassung und Ausblick 8

Durch die in der Arbeit systematisch analysierten Anforderungen an die Maschinensicherheit bezüglich der Schutzeinrichtungen für Roboter-Anwendungen in Koexistenz, zeigte sich, dass die *EG-Maschinenrichtlinie* sowie die zugehörigen Normen der Maschinensicherheit dasselbe Schutzziel verfolgen. Eine gefahrbringende Roboter-Bewegung darf erst durch das Bedienpersonal erreicht werden, wenn diese keine Gefährdung mehr darstellt. Ein sicherer Zustand tritt erst ein, sobald bei einem Kontakt zwischen Roboter und Mensch physische Verletzungen vermieden werden.

Zur Definition dieses sicheren Zustands finden sich allerdings nur wenige Anhaltspunkte. Die *ISO/TS 15066* definiert zwar biomechanische Grenzwerte für Kontaktgrenzen, allerdings nur bezüglich des Schmerzeintritts und für das Schutzprinzip der *Leistungs- und Kraftbegrenzung* sowie vorzugsweise für die Interaktionsform der Kollaboration. Zudem liefert die *EN ISO 13855* hinsichtlich der Auslegung des Sicherheitsabstands für bewegliche trennende und nichttrennende Schutzeinrichtungen ein Berechnungsschema. Dieses differenziert jedoch nicht zwischen den eingesetzten Robotern, weshalb es zu überdimensionierten Anwendungen kommt, da der Sicherheitsabstand analog zu konventionellen Industrierobotern ausgelegt wird. Das tatsächliche Risikopotential durch den Leichtbauroboter fällt aber deutlich geringer aus.

Infolgedessen ergeben sich zwei normative Handlungsfelder. Zum einen die nicht differenzierte Betrachtung des Roboters beim Einsatz von technischen Schutzmaßnahmen und die daraus resultierenden normativen Anforderungen. Zum anderen die unzureichende Betrachtung der tatsächlichen Öffnungsrichtung von beweglichen trennenden Schutzeinrichtungen.

Vor dem Hintergrund dieser zwei Handlungsfelder kann eine Vielzahl an Einflussfaktoren mit eventuellen Auswirkungen auf das Risikopotential einer gefahrbringenden Roboterbewegungen identifiziert werden. Um anschließend

D. Pusch, *Risikobeurteilung von Mensch-Roboter-Koexistenz-Systemen*, BestMasters, https://doi.org/10.1007/978-3-658-43934-7_8

mögliche Reduzierungen des Sicherheitsabstands beim Einsatz von nichttrennenden und beweglichen trennenden Schutzeinrichtungen bei Mensch-Roboter
Koexistenz Systemen zu ermitteln, wird ein Ansatz für eine erweiterte Bewertungsmethodik konzipiert und die Auswirkungen der Einflussfaktoren in einem
Versuchsaufbau untersucht.

Hierbei kann festgestellt werden, dass sich der Nachlaufweg einer gefahrbringenden Bewegung, welcher einen erheblichen Einfluss auf das Risikopotential
einer Anwendung hat, bei abnehmender Geschwindigkeit teils erheblich reduziert, in der *EN ISO 13855* aber nicht betrachtet wird. Aus diesem Grund sollte
bei zukünftigen Betrachtungen des Sicherheitsabstands der Nachlaufweg unbedingt mit betrachtet werden. Über die biomechanischen Grenzwerte der *ISO/
TS 15066* zur Ermittlung von konkreten Geschwindigkeitswerten bei Kontakt
zwischen Roboter und Mensch, zeigen sich zudem umfangreiche Einsparungspotentiale. Für eine Verfahrbewegung mit einer Geschwindigkeit von 1.000 mm/
s wäre demnach bei einem transienten Kontakt eine Reduzierung des Sicherheitsabstands um bis zu 77 % und bei einem quasistatischen Kontakt um bis zu 24 %
möglich.

Im Versuchsaufbau können darüber hinaus für die Öffnungszeit von beweglichen trennenden Schutzeinrichtungen verschiedene Szenarien entwickelt und mit
Hilfe von Versuchspersonen Daten erhoben werden. Bei der Auswertung wird
ein zeitlicher Faktor von 160 Millisekunden ermittelt, welcher unabhängig der
tatsächlichen Gefährdung von der erfassten Nachlaufzeit abgezogen werden kann.

Die durchgeführten Versuche zeigen demnach auf, dass eine Reduzierung des
Sicherheitsabstands beim Einsatz von nichttrennenden und beweglichen trennenden Schutzeinrichtungen ohne Kompromittierung der Maschinensicherheit
möglich ist.

Die gewonnen Erkenntnisse unterstützen darüber hinaus die Entwicklung der
erweiterten Bewertungsmethodik, die sich an den Anforderungen der *EN ISO
12100* orientiert und über die zwei Risikoelemente Schadensausmaß und Eintrittswahrscheinlichkeit bestimmt wird. Das Schadensausmaß wird dabei über eine
erarbeitete Schadensausmaß-Matrix ermittelt, die die Geschwindigkeit der gefahrbringenden Bewegung, demnach auch den Nachlaufweg und die geometrischen
Faktoren der Kontaktstelle am Robotersystem betrachtet.

Auch das Risikoelement der Eintrittswahrscheinlichkeit wird in mehrere
Parameter untergliedert und konkret auf die Anforderungen der Koexistenz
angepasst. Anschließend kann mit Hilfe der zwei Risikoelemente das Risikopotential und damit die Risikokategorie einer gefahrbringenden Roboterbewegung
bestimmt werden. Letztere unterscheidet fünf Einteilungen, welche mögliche
Reduzierungen des Sicherheitsabstands aufzeigen.

Analog zu nichttrennenden Schutzeinrichtungen besteht die Möglichkeit, die erweiterte Bewertungsmethodik auch bei beweglichen trennenden Schutzeinrichtungen einzusetzen und die Nachlaufzeit weiter zu reduzieren. Durch die Validierung der Bewertungsmethodik an einer anderen kinematischen Bauform kann ein direkter Zusammenhang beim Nachlaufweg festgestellt werden, was eine Anwendbarkeit der Methodik unabhängig der kinematischen Bauform unterstützt. Es zeigt sich zudem, dass die beweglichen Massen auf das Nachlaufverhalten nur einen geringen Einfluss haben, sich bei den Geschwindigkeitswerten innerhalb der Kontaktgrenzen allerdings erhebliche Auswirkungen zeigen. Folglich müssen die Geschwindigkeitswerte anwendungsspezifisch erhoben werden.

Zusammenfassend lässt sich feststellen, dass die entwickelte erweiterte Bewertungsmethodik ein Instrument zur detaillierten Betrachtung einer gefahrbringenden Bewegung darstellt. Die Gültigkeit der erweiterten Bewertungsmethodik ist durch konkrete Anwendungen weiter zu verifizieren und gegebenenfalls zu erweitern.

Mit Hilfe der erweiterten Bewertungsmethodik kann für das aufgezeigte Anwendungsbeispiel eine Reduzierung des normativen Sicherheitsabstands von 746 mm auf einen minimalen Sicherheitsabstand von 283 mm erzielt werden. Dies entspricht einer prozentualen Reduzierung von circa 62 %. Zusätzlich ergeben sich konkrete Maßnahmen zur Minderung der Risikokategorie und demnach zu einer Reduzierung des Sicherheitsabstands.

Ausblick

Durch die Entwicklung der erweiterten Bewertungsmethodik kann mit einem ersten Schritt dazu beigetragen werden, den Sicherheitsabstand bei Roboteranwendungen mit der Interaktionsform Koexistenz künftig zu reduzieren. Werden mit dieser Methodik weitere Daten von verschiedensten Anwendungen mit unterschiedlichen kinematischen Bauformen, Nutzlasten oder geometrischen Faktoren gesammelt, ist es vorstellbar, die Messungen für die innerhalb der Kontaktgrenzen liegenden Geschwindigkeiten komplett entfallen zu lassen. In diesem Fall ist es sinnvoll, einen zusätzlichen Parameter zur Bewertung des Schadensausmaßes einzuführen, welcher die beweglichen Massen der Roboter-Anwendung und demnach die Auswirkung auf die Geschwindigkeit bei einem Kontakt abbildet. Darüber hinaus können es weitere Daten ermöglichen, konkrete Werte für den Sicherheitsabstand bei den jeweiligen Risikozahlen der Risikomatrix zu hinterlegen.

Weiter ist zu überlegen, die *EN ISO 13857*, die die Sicherheitsabstände für feststehende trennende Schutzeinrichtungen definiert, mit der Risikobetrachtung aus der erweiterten Bewertungsmethodik zu ergänzen. Diese unterscheidet zwar zwischen einem kleinen und großen Risiko, bewertet die Sicherheitsabstände aber dennoch nicht hinsichtlich des Risikopotentials, sodass sich ebenso unverhältnismäßige Abstände ergeben.

Des Weiteren eröffnet sich mit der entwickelten erweiterten Bewertungsmethodik die Möglichkeit, bei Anwendungen mit ausreichendem Sicherheitsabstand auf ein größeres Detektionsvermögen[1] zu setzen. Hier würde ein Wechsel von 14 mm auf 30 mm zwar zu einem zusätzlichen Abstand von 128 mm führen, dieser kann durch die erweiterte Bewertungsmethodik jedoch wieder reduziert werden. Durch diese Maßnahme können bis zu 30 % der Kosten eingespart werden. Ähnliches gilt für den Einsatz von Sicherheits-Flächenscanner, welche in Abhängigkeit der Montagehöhe einen Zuschlag von bis zu 850 mm erhalten.

Ein vorerst nächster Schritt ist, die erweiterte Bewertungsmethodik in einer möglichst frühen Phase des Produktentstehungsprozesses anzuwenden, was virtuelle Werkzeuge und Methoden notwendig macht. Durch Simulation der Verfahrbewegungen können über eine Kollisionsanalyse in Verbindung mit den Mindestabständen nach *EN ISO 13854* quasistatische Kontakte vollumfänglich durch eine defensive Roboterbahn vermieden werden. Auch Informationen bezüglich der notwendigen Geschwindigkeiten, welche die Taktzeit der Anwendung maßgeblich bestimmen, sind relevant und sollten bereits in einer frühen Phase bestimmt werden. Hieraus kann eine taktzeitorientierte, aber auch sicherheitstechnisch ausreichende Bahnplanung abgeleitet werden.

Weiterhin ermöglicht die Erarbeitung eines Konstruktionsleitfadens, eine Definition der in dieser Arbeit hervorgebrachten Erkenntnisse und deren Auswirkungen, um daraus geeignete Maßnahmen abzuleiten. So kann sich deren Inhalt beispielsweise auf eine defensive Fahrplanung bei gefährlichen geometrischen Faktoren, die allgemeine Vermeidung von quasistatischen Kontakten durch Anwendung der Mindestabstände nach *EN ISO 13854* sowie die Integration von Kollisionsflächen oder formschlüssigen 3D-Druckteilen konzentrieren. Auch ein bevorzugender Einsatz von bestimmten Endeffektoren, die ein Verschieben der handzuhabenden Bauteile ermöglichen, kann Inhalt dieses Leitfadens werden.

Weitere Forschungsbereiche ergeben sich im Bereich der Entwicklung eines bei einem Kontakt nachgebenden Endeffektor. Dieser kann sich das bei der Validierung beobachtete Verhalten des Vakuum-Endeffektors zu Nutze machen und darüber die innerhalb der Kontaktgrenzen liegenden Geschwindigkeiten weiter erhöhen. Hier ist es jedoch wichtig, dass dieser nicht über den kompletten Prozess nachgebend

---

[1] Das Detektionsvermögen ist der Abstand zwischen einzelnen Lichtstrahlen eines Sicherheits-Lichtgitters. Üblicherweise werden 14 mm für Fingerschutz und 30 mm für Handschutz eingesetzt.

ist, sondern gegebenenfalls für einen Fügeprozess fixiert werden kann. Sogenannte Kollisionsausgleichseinheiten existieren zwar bereits, sind für die im Gerätewerk Erlangen genutzten Roboterzellen jedoch zu massiv gestaltet. Hier bietet sich eine Low-Cost-Variante an, die durch additive Technologien entsprechende Gelenke gleich in den Druck integriert und somit Verschiebungen ermöglicht.

Der hohe Arbeitsaufwand für die notwendigen Messungen kann zukünftig durch den entwickelten Cobot-Planer[2] der Berufsgenossenschaft für Holz und Metall reduziert werden. In diesem frei verfügbaren Tool können relevante Parameter für eine Roboter-Anwendung angelegt und die entsprechenden Kontaktgrenzwerte der Geschwindigkeit ermittelt werden. Da die Berechnung trotzdem eine Validierung der Daten an einer realen Anwendung erfordert, ist es vorstellbar, den Cobot-Planer und seine Ergebnisse in einem weiteren Projekt mit realen Anwendungen zu vergleichen und bezüglich der Güte der erhaltenen Informationen zu bewerten.

Abschließend zeigt sich, dass die gewonnenen Erkenntnisse eine Grundlage für viele anknüpfende Forschungsprojekte bieten. Wünschenswert ist es jedoch, die entwickelte erweiterte Bewertungsmethodik in eine Werksnorm zu überführen, um die hervorgebrachten Erkenntnisse und Einsparungspotentiale auch auf andere Siemens-Standorte zu übertragen. Auch eine mögliche Anpassung der *EN ISO 13855* bezüglich des Nachlaufwegs und eine Integration dieser Erkenntnisse in den informativen Teil der Norm, kann vielen Anwendern als eine Hilfestellung für die Bewertung einer möglichen Reduzierung des Sicherheitsabstands dienen.

---

[2] Vgl. www.cobotplaner.de.

Literaturverzeichnis

Amtsblatt der Europäischen Union (2006): Richtlinie 2006/42/EG des europäischen Parlaments und des Rates vom 17. Mai 2006 über Maschinen und zur Änderung der Richtlinie65/16/EG (Neufassung) – Maschinenrichtlinie

Bauernhansl, Thomas, Hompel, Michael t., Vogel-Heuser, Birgit (Hrsg.) (2014): Industrie 4.0 in Produktion, Automatisierung und Logistik – Anwendung – Technologie – Migration, Wiesbaden: Springer Vieweg, 2014

Blankenmeyer, Sebastian, Recker, Tobias, Raatz, Annika (2019): Hardwareseitige MRK-System-gestaltung, in: *Müller, Rainer, Franke, Jörg, Henrich, Dominik, Kuhlenkötter Bernd, Raatz, Annika, Verl Alexander, Handbuch Mensch-Roboter-Kollaboration, 2019, S. 37–70*

Böge, Alfred, Böge, Wolfgang (2021): Handbuch Maschinenbau – Grundlagen und Anwendungen der Maschinenbau-Technik, 24. überarbeitete und erweiterte Auflage, Wiesbaden: Springer Vieweg, 2021

Brecher, Christian, Weck, Manfred (2017): Werkzeugmaschinen Fertigungssysteme 2 – Konstruktion, Berechnung und messtechnische Beurteilung, 9. Auflage, Berlin, Heidelberg: Springer Vieweg, 2017

DIN EN 62061:2016-05 (2016): Sicherheit von Maschinen – Funktionale Sicherheit sicherheitsbezogener elektrischer, elektronischer und programmierbarer elektronischer Steuerungssysteme (IEC 62061:2005 + A1:2012 + A2:2015); Deutsche Fassung EN 62061:2005 + Cor.:2010 + A1:2013 + A2:2015

DIN EN ISO 10218-1:2012-01 (2012): Industrieroboter – Sicherheitsanforderungen – Teil 1: Roboter (ISO 10218-1:2011); Deutsche Fassung EN ISO 10218-1:2011

DIN EN ISO 10218-2:2012-06 (2012): Industrieroboter – Sicherheitsanforderungen – Teil 2: Robotersysteme und Integration (ISO 10218-2:2011); Deutsche Fassung EN ISO 10218-2:2011

DIN EN ISO 12100:2011-03 (2011): Sicherheit von Maschinen – Allgemeine Gestaltungsleitsätze– Risikobeurteilung und Risikominderung (ISO 12100:2010); Deutsche Fassung EN ISO 12100:2010

DIN EN ISO 13849-1:2016-06 (2016): Sicherheit von Maschinen – Sicherheitsbezogene Teile von Steuerungen – Teil 1: Allgemeine Gestaltungsleitsätze (ISO 13849-1:2015); Deutsche Fassung EN ISO 13849-1:2015

© Der/die Herausgeber bzw. der/die Autor(en), exklusiv lizenziert an Springer Fachmedien Wiesbaden GmbH, ein Teil von Springer Nature 2024
D. Pusch, *Risikobeurteilung von Mensch-Roboter-Koexistenz-Systemen*, BestMasters, https://doi.org/10.1007/978-3-658-43934-7

DIN EN ISO 13849-2:2013-02 (2013): Sicherheit von Maschinen – Sicherheitsbezogene Teile von Steuerungen – Teil 2: Validierung (ISO 13849-2:2012); Deutsche Fassung EN ISO 13849-1:2012

DIN EN ISO 13854:2020-01 (2020): Sicherheit von Maschinen – Mindestabstände zur Vermeidung des Quetschens von Körperteilen (ISO 13854:2017); Deutsche Fassung EN ISO 13854:2019

DIN EN ISO 13855:2010-10 (2010): Sicherheit von Maschinen – Anordnung von Schutzeinrichtungen im Hinblick auf Annäherungsgeschwindigkeiten von Körperteilen (ISO 13855:2010); Deutsche Fassung EN ISO 13855:2010

DIN EN ISO 13857:2020-04 (2020): Sicherheit von Maschinen – Sicherheitsabstände gegen das Erreichen von Gefährdungsbereichen mit den oberen und unteren Gliedmaßen (ISO 13857:2019); Deutsche Fassung EN ISO 13857:2019

DIN ISO/TR 14121-2:2013-02 (2013): Sicherheit von Maschinen – Risikobeurteilung – Teil 2 Praktischer Leitfaden und Verfahrensbeispiele (ISO/TR 14121-2:2012)

DIN ISO/TS 15066:2017-04 (2017): Roboter und Robotikgeräte – Kollaborierende Roboter (ISO/TS 15066:2016)

Gehlen, Patrick (2010): Funktionale Sicherheit von Maschinen und Anlagen – Umsetzung der Europäischen Maschinenrichtlinie in der Praxis, 2. überarbeitete Auflage, Erlangen: Publicis Publishing, 2010

Heinrich, Berthold, Linke, Petra, Glöckler, Michael (2020): Grundlagen Automatisierung – Erfassen – Steuern – Regeln, 3. Auflage, Wiesbaden: Springer Vieweg, 2020

Hesse, Stefan, Malisa, Viktorio (Hrsg.) (2016): Taschenbuch Robotik – Montage – Handhabung, 2. Auflage, München: Carl Hanser Verlag, 2016

Hüning, Alois, Hüning, Ann-Cathrin, Reudenbach, Rolf (2017): Sichere Maschinen in Europa – Teil 1 – Rechtsgrundlagen, Bochum: DC Verlag e.K.

Kessels, Ulrich, Muck Siegbert (2020): Risikobeurteilung gemäß Maschinenrichtlinie 2006/42/EG – Handlungshilfe und Potenziale, 4., überarbeitete und aktualisierte Auflage, Berlin, Wien, Zürich: Beuth Verlag GmbH, 2020

Kindler Manfred, Menke, Wolfgang (2017): Vorschriften für Medizinprodukte, in: *Kramme, Rüdiger,* Medizintechnik – Verfahren – Systeme – Informationsverarbeitung, 2017, S. 35–54

Kramme, Rüdiger (Hrsg.) (2017): Medizintechnik – Verfahren – Systeme – Informationsverarbeitung, 5. Auflage, Berlin, Heidelberg: Springer, 2017

Krey, Volker, Kapoor, Arun (2017): Praxisleitfaden Produktsicherheitsrecht – CE-Kennzeichnung – Risikobeurteilung – Betriebsanleitung – Konformitätserklärung – Produkthaftung – Fallbeispiele, 3., überarbeitete Auflage, München, Wien: Carl Hanser Verlag, 2017

Linke, Petra (2021): Maschinensicherheit, in: *Böge, Alfred, Böge, Wolfgang,* Handbuch Maschinenbau – Grundlagen und Anwendungen der Maschinenbau-Technik, 2021, S. 1611–1616

Maier, Günter W., Engels, Gregor, Eckhard, Steffen (Hrsg.) (2020): Handbuch Gestaltung digitaler und vernetzter Arbeitswelten Berlin, Heidelberg: Springer, 2020

Müller, Rainer, Franke, Jörg, Henrich, Dominik, Kuhlenkötter Bernd, Raatz, Annika, Verl, Alexander (2019a): Handbuch Mensch-Roboter-Kollaboration, München: Carl Hanser Verlag, 2019

Müller, Rainer, Vette-Steinkamp, Blum, Anne, Burkhard, Dirk, Dietz, Thomas, Drieß, Miriam, Geenen, Aaron, Hörauf, Leenhard, Mailahn, Ortwin, Masiak, Tobias, Verl, Alexander (2019b): Methoden zur erfolgreichen Einführung von MRK, in: *Müller, Rainer, Franke, Jörg, Henrich, Dominik, Kuhlenkötter Bernd, Raatz, Annika, Verl Alexander,* Handbuch Mensch-Roboter-Kollaboration, 2019, S. 311–359

Naumann, Martin, Dietz, Thomas, Kuss, Alexander (2014): Mensch-Maschine-Interaktion, in: *Bauernhansl, Thomas, Hompel, Michael t., Vogel-Heuser, Birgit,* Industrie 4.0 in Produktion, Automatisierung und Logistik – Anwendung – Technologie – Migration, 2014, S. 509–523

Neudörfer, Alfred (2021): Konstruieren sicherheitsgerechter Produkte - Methoden und systematische Lösungsansätze zur EG-Maschinenrichtlinie, 8. Auflage, Berlin, Heidelberg: Springer Vieweg, 2021

Oberer-Treitz, Susanne, Verl, Alexander (2019): Einführung in die industrielle Robotik mit Mensch-Roboter-Kooperation, in: *Müller, Rainer, Franke, Jörg, Henrich, Dominik, Kuhlenkötter Bernd, Raatz, Annika, Verl Alexander, Handbuch Mensch-Roboter-Kollaboration, 2019, S. 1–35*

Pichler, Wolfram W. (2018): EU-Konformitätsbewertung – In acht Projektphasen direkt zum Ziel – Das Rezeptbuch für Konstrukteure, Produktmanager und CE-Koordinatoren, München: Carl Hanser Verlag, 2018

Plaßmann, Wilfried, Schulz, Detlef (Hrsg.) (2013): Handbuch Elektrotechnik – Grundlagen und Anwendungen für Elektrotechniker, 6. Auflage, Wiesbaden: Springer Vieweg, 2013

Pott, Andreas, Dietz, Thomas (2019): Industrielle Robotersysteme – Entscheiderwissen für die Planung und Umsetzung wirtschaftlicher Roboterlösungen, Wiesbaden: Springer Vieweg, 2019

Schucht, Carsten, Berger, Norbert (2019): Praktische Umsetzung der Maschinenrichtlinie – Risikobeurteilung – Verkehrsfähigkeit – Schulungen – Audits – Wesentliche Veränderung – Rechtsprechung, 2., aktualisierte Auflage, München: Carl Hanser Verlag, 2019

Steil, Jochen J., Maier, Günter W. (2020): Kollaborative Roboter: universale Werkzeuge in der digitalisierten und vernetzten Arbeitswelt, in: *Maier, Günter W., Engels, Gregor, Eckhard, Steffen* (Hrsg.), Handbuch Gestaltung digitaler und vernetzter Arbeitswelten, 2020, S. 323–346

Thomas, Carsten, Klöckner, Maike, Kuhlenkötter, Bernd (2015): Mensch Roboter-Kollaboration, in:*Weidner, Robert, Redlich, Tobias, Wulfsberg, Jens P.* (Hrsg.) (2015): Technische Unterstützungssysteme (S. 159 - 168). Berlin, Heidelberg: Springer-Verlag

Weidner, Robert, Redlich, Tobias, Wulfsberg, Jens P. (Hrsg.) (2015): Technische Unterstützungssysteme, Berlin, Heidelberg: Springer Vieweg, 2015

Internetverzeichnis

ABB AG (ABB, 2014): Sicherheitshandbuch Maschinensicherheit, <https://www.hiv-hof fmann.de/wp-content/uploads/abb-sicherheits-sps_pluto-datenblatt.pdf> [Zugriff 2022-02-20]

Bauer, Wilhelm, Bender, Manfred, Braun, Martin, Rally, Peter, Scholtz, Oliver (2016): Leichtbauroboter in der manuellen Montage – Einfach einfach Anfangen – Erste Erfahrungen von Anwenderunternehmen, Stuttgart: Frauenhofer-Institut für Arbeitswirtschaft und Organisation IOA <https://www.engineering-produktion.iao.fraunhofer.de/content/dam/iao/tim/Bilder/Projekte/LBR/Studie-Leichtbauroboter-Fraunhofer-IAO-2016.pdf> (2016) [Zugriff 2022-02-14])

Beuth Verlag GmbH (Beuth, 2021): DIN EN ISO 10218-2:2021-03 – Entwurf <https://www.beuth.de/de/norm-entwurf/din-en-iso-10218-2/331246964> (2021-02-12) [Zugriff 2022-02-20]

Deutsche Gesetzliche Unfallversicherung (BGIA, 2011): BG/BGIA-Empfehlung für die Gefährdungsbeurteilung nach Maschinenrichtlinie – Gestaltung von Arbeitsplätzen mit kollaborierenden Robotern, <https://publikationen.dguv.de/widgets/pdf/download/article/2448> (2011-02) [Zugriff 2022-02-27]

DGUV-Information (DGUV, 2017): Kollaborierende Robotersysteme – Planung von Anlagen mit der Funktion „Leistungs- und Kraftbegrenzung" – FB HM-080, <https://www.dguv.de/medien/fb-holzundmetall/publikationen-dokumente/infoblaetter/infobl_deu tsch/080_roboter.pdf> (2017-08) [Zugriff 2022-02-20]

DGUV Test(DGUV, o. J.): Maschinensicherheit in Europa – Informationen zur EG-Maschinenrichtlinie 2006/42/EG, <https://www.dguv.de/dguv-test/prod-pruef-zert/kon form-prod/maschinen/index.jsp> [Zugriff 2022-02-14]

elektro AUTOMATION (elektro-Automation, 2021): Aus der EG-Maschinenrichtlinie soll die Maschinenverordnung werden – Frühzeitig mit dem Nachfolger der Maschinenrichtlinie auseinandersetzen, <https://wirautomatisierer.industrie.de/safety/fruehzeitig-mit-dem-nachfolger-der-maschinenrichtlinie-auseinandersetzen/#2> (2021-08-30) [Zugriff 2022-02-19]

Hofbaur, Michael, Rathmair, Michael (2019): Physische Sicherheit in der Mensch-Roboter-Kollaboration, in: Elektrotechnik & Informationstechnik 136 (S. 301–306), <https://doi.org/10.1007/s00502-019-00743-2> (2019-09-21) [Zugriff 2022-02-22]

Kring, Friedhelm (Weka, 2020): Funktionale Sicherheit, <https://www.weka-manager-ce.de/funktionale-sicherheit/funktionale-sicherheit/> (2020-08-03) [Zugriff 2022-02-20]

Pilz (Pilz, o. J.): Maschinenrichtlinie, < https://www.pilz.com/de-DE/support/knowhow/law-standards-norms/manufacturer-machine-operators/machinery-directive> [Zugriff 2022-02-19]

Sick Sensor Intelligence (Sick, 2017): Leitfaden Sichere Maschinen – In sechs Schritten zur sicheren Maschine, <https://cdn.sick.com/media/docs/7/77/677/special_information_guide_for_safe_machinery_de_im0014677.pdf> (2017-08-22) [Zugriff 2022-02-19]

Siemens Safety Integrated (Siemens, 2021): Einführung und Begriffe zur funktionalen Sicherheit von Maschinen und Anlagen – Nachschlagewerk, <https://assets.new.siemens.com/siemens/assets/api/uuid:61fc5a07452846f96544672260b33cd9495b9f70/ein fuehrung-begriffe-zur-funktionalen-sicherheit-von-maschinen-a.pdf> (2021-02) [Zugriff 2022-02-19]

Soranno, Chris, Görnemann, Otto, Schumacher, Rolf (Sick, 2019): RISK ASSESMENT AND RISK REDUCTION FOR MACHINERY PART 3: CONDUCTING RISK ESTIMATION – SCALABLE RISK ANALYSIS AND EVALUATION METHOD (SCRAM), <https://cdn.sick.com/media/docs/2/92/292/whitepaper_risk_assessment_and_risk_reduction_for_machinery_part_3_conducting_risk_estimation_en_im0082292.pdf> (2019-02) [Zugriff 2022-02-26]

TÜV AUSTRIA Holding AG (TÜV, 2016): Sicherheit in der Mensch-Roboter-Kollaboration – Grundlagen, Herausforderungen, Ausblick, <https://www.fraunhofer.at/content/dam/austria/documents/WhitePaperTUEV/White%20Paper_Sicherheit_MRK_Ausgabe%201.pdf> (2016-10-10) [Zugriff 2022-02-21]

Universal Robots (2018): Universal Robots e-Series – Benutzerhandbuch, Version 5.0.0 <https://s3-eu-west-1.amazonaws.com/ur-support-site/40980/UR5e_User_Manual_de_Global.pdf> (2018-05-18) [Zugriff 2022-02-27]

VDMA (VDMA, 2016): VDMA-Positionspapier – „Sicherheit bei der Mensch-Roboter-Kollaboration", <https://docplayer.org/36591617-Vdma-positionspapier-sicherheit-bei-der-mensch-roboter-kollaboration.html> (2016-05) [Zugriff 2022-02-20]

Vorderstemann, Steffen (Kothes, 2021): Neue Maschinenverordnung der EU – Ist die Neufassung der Maschinenrichtlinie der Durchbruch für die digitale Technische Dokumentation?, <https://www.kothes.com/blog/neue-maschinenrichtlinie-der-eu> (2021-07-07) [Zugriff 2022-02-19]

Wald, Matthias (STiMA, 2018): Steigern Sie ihr Wachstum mit der neuen e-Series – Die neue UR-e Series – die wichtigsten Features, <https://www.stima-m.de/steigern-sie-ihr-wachstum-mit-der-neuen-e-series/> (2018-07-18) [Zugriff 2022-02-20]

Wenk, Matthias (OTH-AW, o. J.): Ostbayerische Technische Hochschule Amberg-Weiden – Forschungsfeld Leichtbaurobotik, <https://www.oth-aw.de/wenk/leichtbaurobotik/> [Zugriff 2022-02-14]

ZVEI Die Elektroindustrie (ZVEI, 2017): Bedeutung des EuG-Urteils „Global Garden" für die Vermutungswirkung harmonisierter Normen – Informationen und Einschätzungen, <https://www.zvei.org/fileadmin/user_upload/Themen/Maerkte_Recht/Harmonisierte_Rechtsvorschriften_als_Erfolgsgarant_fuer_den_Binnenmarkt/Vermerk-EuGH_Rasenmaeher_2017-05-16.pdf> (2017-05-16) [Zugriff 2022-02-14]

Printed in the United States
by Baker & Taylor Publisher Services